SONHOS DE EINSTEIN

ALAN LIGHTMAN

SONHOS DE EINSTEIN

Tradução
Marcelo Levy

2ª reimpressão

Copyright © 1993 by Alan Lightman

Grafia atualizada segundo o Acordo Ortográfico da Língua Portuguesa de 1990, que entrou em vigor no Brasil em 2009.

Título original
Einstein's Dreams

Capa
Jeff Fisher

Preparação
Márcia Copola

Revisão
Larissa Lino Barbosa
Mariana Cruz

Atualização ortográfica
Verba Editorial

Dados Internacionais de Catalogação na Publicação (CIP)
(Câmara Brasileira do Livro, SP, Brasil)

Lightman, Alan
    Sonhos de Einstein / Alan Lightman ; tradução Marcelo
Levy. — 1ª ed. — São Paulo : Companhia de Bolso, 2014.

    Título original: Einstein's Dreams.
    ISBN 978-85-359-2295-0

    1. Einstein, Albert, 1879-1955 — Ficção I. Título.

14-05721	CDD-813

Índice para catálogo sistemático:
1. Ficção : Literatura norte-americana 813

2023

Todos os direitos desta edição reservados à
EDITORA SCHWARCZ S.A.
Rua Bandeira Paulista, 702, cj. 32
04532-002 — São Paulo — SP
Telefone: (11) 3707-3500
www.companhiadasletras.com.br
www.blogdacompanhia.com.br
facebook.com/companhiadasletras
instagram.com/companhiadasletras
twitter.com/cialetras

PRÓLOGO

EM ALGUMA ABÓBADA DISTANTE, um relógio de torre bate seis vezes e para. O rapaz deixa-se cair em sua escrivaninha. Ele veio para o escritório de madrugada, depois de mais uma convulsão. Seu cabelo está despenteado e as calças, grandes demais. Na mão, segura vinte páginas amassadas, sua nova teoria do tempo, que enviará hoje para a revista alemã de física.

Minúsculos sons da cidade flutuam pela sala. Uma garrafa de leite tilinta contra uma pedra. Um toldo é esticado em uma loja em Marktgasse. Uma carroça de verduras transita lentamente por uma rua. Um homem e uma mulher sussurram em um apartamento próximo.

Na tênue luz que envolve a sala, as escrivaninhas parecem irreais e arredondadas, como grandes animais adormecidos. Exceto pela escrivaninha do jovem, sobre a qual estão espalhados em desordem livros semiabertos, as doze escrivaninhas de carvalho estão cobertas por documentos cuidadosamente organizados em pilhas no final do dia anterior. Ao chegar, cada funcionário saberá exatamente por onde começar. Mas, neste momento, nesta luz tênue, os documentos sobre as mesas não são mais visíveis que o relógio no canto ou a banqueta da secretária próxima à porta. Tudo o que se pode ver neste momento são os contornos irreais das escrivaninhas e a postura curvada do jovem.

Seis e dez, segundo o relógio invisível da parede. A cada minuto, os objetos ganham forma. Aqui, aparece um cesto de lixo. Ali, um calendário de parede. Aqui, uma foto de família, uma caixinha de clipes, um tinteiro, uma caneta. Ali, uma máquina de escrever, um paletó dobrado sobre uma cadeira. Com o tempo, as ubíquas prateleiras emergem da névoa noturna que esconde as paredes. Nas prateleiras estão cadernos de patentes. Uma delas refere-se a uma nova engrenagem para perfuração cujos dentes são curvados de modo a minimizar o atrito. Uma outra propõe um transformador de eletricidade que mantém a voltagem constante quando há variação no fluxo de energia. Uma terceira descreve uma máquina de escrever com uma barra de tipos que funciona em baixa velocidade e elimina o barulho. É uma sala cheia de ideias práticas.

Do lado de fora, os picos dos Alpes começam a refletir os raios do sol. É fim de junho. Um barqueiro no Aare desamarra seu bote e o empurra, deixando a correnteza levá-lo ao longo da Aarstrasse até Gerberngasse, onde entregará suas maçãs e outras frutas de verão. O padeiro chega a sua loja em Marktgasse, acende o fogo no forno a carvão e começa a misturar farinha e fermento. Dois amantes se abraçam na ponte Nydegg, olhos melancólicos no rio que corre embaixo. De sua sacada na Schifflaube, um homem examina o céu róseo. Uma mulher que não consegue dormir caminha lentamente pela Kramgasse, espiando dentro de cada uma das arcadas escuras, lendo os cartazes à meia-luz.

No longo e estreito escritório da Speichergasse, na sala cheia de ideias práticas, o jovem funcionário de patentes ainda está esparramado na cadeira, a cabeça sobre a escrivaninha. Nos últimos meses, desde meados de abril, ele tem sonhado muitos sonhos sobre o tempo. Os sonhos se apoderaram de suas pesquisas. Os sonhos o esgotaram, o exauriram de tal forma que às vezes ele não sabe dizer se está acordado ou dormindo. Mas o sonhar terminou. Dentre muitas naturezas possíveis do tempo, imaginadas em igualmente muitas noites, uma parece se impor. Não que as outras sejam impossíveis. As outras talvez possam existir em outros mundos.

O jovem ajeita-se na cadeira, esperando a datilógrafa chegar, e cantarola suavemente um trecho da *Sonata ao luar* de Beethoven.

14 DE ABRIL DE 1905

SUPONHAMOS QUE O TEMPO SEJA um círculo fechado sobre si mesmo. O mundo se repete, de forma precisa, infinitamente.

Na maior parte dos casos, as pessoas não sabem que voltarão a viver suas vidas. Comerciantes não sabem que farão o mesmo negócio várias vezes. Políticos não sabem que gritarão da mesma tribuna um número infinito de vezes nos ciclos do tempo. Pais e mães conservam na memória a primeira risada de seu filho como se nunca mais fossem ouvi-la. Amantes, ao fazer amor pela primeira vez, despem-se timidamente, mostram-se surpresos com a coxa acolhedora, o frágil bico do seio. Como podem saber que cada olhar secreto, cada toque, serão repetidos e de novo repetidos, exatamente como antes?

O mesmo acontece na Marktgasse. Como os lojistas podem saber que cada suéter feito à mão, cada lenço bordado, cada doce de chocolate, cada bússola e cada relógio voltarão às suas prateleiras? Ao cair da tarde, os lojistas vão para casa encontrar suas famílias, ou beber cerveja nas tavernas, conversar alegremente com amigos nas galerias arqueadas, acariciando cada momento como um tesouro do qual tivessem posse apenas temporária. Como podem saber que nada é temporário, que tudo vai acontecer de novo? Tanto quanto uma formiga caminhando pela borda circular de um candelabro de cristal sabe que voltará ao ponto de partida.

Em um hospital em Gerberngasse, uma mulher se despede do marido. Ele está deitado na cama e olha-a com olhos vazios. Nos dois últimos meses, seu câncer se alastrou da garganta para o fígado, para o pâncreas, o cérebro. Os dois filhos, ainda crianças, estão sentados em uma cadeira no canto do quarto, com medo de olhar para o pai, com as bochechas fundas na cara, a pele fenecida de um velho. A esposa vem até a cama e beija suavemente o marido na testa, sussurra-lhe um adeus e rapidamente parte com os filhos. Ela tem certeza de que esse foi o último beijo. Como pode ela saber que o tempo começará de novo, que ela nascerá de novo, estudará no colégio de novo, exibirá seus quadros na galeria em Zurique, novamente conhecerá seu marido em uma pequena biblioteca em Friburgo, novamente sairá para velejar com ele no lago Thun em um dia quente de julho, terá filhos novamente, que seu marido novamente trabalhará por oito anos no laboratório farmacêutico e chegará em casa uma noite com um caroço na garganta, novamente vomitará e acabará neste hospital, neste quarto, nesta cama, neste momento. Como pode ela saber?

No mundo em que o tempo é um círculo, cada aperto de mão, cada beijo, cada nascimento, cada palavra serão precisamente repetidos. Também o serão todos os momentos em que dois amigos deixarem de ser amigos, toda vez que uma família se dividir por causa de dinheiro, toda frase maldosa em uma discussão entre cônjuges, toda oportunidade negada por causa da inveja, toda promessa não cumprida.

E, assim como todas as coisas serão repetidas no futuro, todas as coisas que estão acontecendo agora aconteceram um milhão de vezes antes. Em todas as cidades, algumas poucas pessoas, em seus sonhos, estão vagamente cientes de que tudo ocorreu no passado. Estas são as pessoas com vidas infelizes e elas sentem que todos os seus julgamentos injustos e ações incorretas e má sorte aconteceram no giro anterior do tempo. Nas profundezas da noite, esses desgraçados indivíduos lutam com os lençóis, sem conseguir descansar, atordoados por saber que não podem mudar uma única ação, um único gesto. Seus erros serão rigorosamente repetidos nesta vida como o foram na anterior. E são essas pessoas duplamente infelizes que dão o único sinal de que o tempo é um círculo. Pois em cada cidade, tarde da noite, seus lamentos ecoam nas ruas e nas sacadas vazias.

16 DE ABRIL DE 1905

NESTE MUNDO, o tempo é como um curso de água, ocasionalmente desviado por algum detrito, por uma brisa que passa. De vez em quando, algum distúrbio cósmico fará com que um riacho de tempo se afaste do leito principal para encontrá-lo rio acima. Quando isso acontece, pássaros, terra, pessoas apanhadas no braço que se desviou são repentinamente transportados para o passado.

É fácil identificar pessoas que foram transportadas de volta ao passado. Elas vestem discretas roupas escuras e caminham pé ante pé, tentando não fazer qualquer barulho, tentando não amassar uma folha de grama que seja. Elas temem que qualquer mudança que façam no passado possa ter consequências drásticas para o futuro.

Agora mesmo, por exemplo, uma dessas pessoas está agachada nas sombras da arcada, em frente ao número 19 da Kramgasse. Um lugar estranho para um viajante do futuro, mas lá está ela. Pedestres passam, olham e seguem seu caminho. Ela se encolhe em um canto, depois corre subitamente para o outro lado da rua e se esconde em outro ponto escuro, em frente ao número 22. Ela morre de medo de levantar alguma poeira, no exato momento em que Peter Klausen está passando a caminho do boticário da Spitalgasse nesta tarde de 16 de abril de 1905. Klausen é um tipo meio janota e detesta quando suas roupas não estão impecavelmente limpas. Se suas roupas forem atingidas pela poeira, ele parará e a espanará zelosamente, mesmo que algum compromisso o esteja aguardando. Se Klausen demorar-se um pouco mais que o necessário, poderá não comprar a pomada para sua esposa, que há semanas reclama de dores nas pernas. Neste caso, a esposa de Klausen poderá ficar de mau humor e decidir não fazer a viagem ao lago de Genebra. E, se ela não for ao lago de Genebra em 23 de junho de 1905, não conhecerá uma certa Catherine d'Épinay enquanto caminha pelo ancoradouro da margem leste e não apresentará mlle. d'Épinay ao seu filho Richard. Richard e Catherine, por sua vez, não se casarão em 17 de dezembro de 1908, e seu filho Friedrich não nascerá em 8 de julho de 1912. Friedrich Klausen não se tornará pai de Hans Klausen em 22 de agosto de 1938, e sem Hans Klausen a União Europeia de 1979 nunca ocorrerá.

A mulher do futuro, lançada sem aviso prévio para este tempo e este lugar e agora tentando ser invisível no seu cantinho escuro em frente ao número 22 da Kramgasse, conhece a história de Klausen e mil outras histórias esperando ser desencadeadas, dependentes dos nascimentos de crianças, do movimento das pessoas nas ruas, das canções dos pássaros em certos momentos, da posição precisa das cadeiras, do vento. Ela se encolhe na penumbra e não retribui os olhares das pessoas. Ela se encolhe e aguarda que a corrente do tempo a leve de volta ao seu próprio tempo.

Quando um viajante do futuro precisa falar, não fala, choraminga. Sussurra sons sofridos. Está angustiado. Pois, se ele provocar a mínima alteração em qualquer coisa, pode destruir o futuro. Ao mesmo tempo, é forçado a testemunhar eventos sem ser parte deles, sem modificá-los. Inveja as pessoas que vivem no seu próprio tempo, que seguem suas próprias vontades, alheias ao futuro, ignorantes dos efeitos das suas ações. Mas ele não pode agir. É um gás inerte, um fantasma, um lençol sem alma. Perdeu sua personalidade. É um exilado do tempo.

Essas desacorçoadas pessoas do futuro podem ser vistas em todas as cidades e vilas, escondendo-se sob os beirais dos prédios, nos porões, sob as pontes, em campos desertos. Ninguém lhes pergunta sobre o que acontecerá, sobre futuros casamentos, nascimentos, invenções, finanças, lucros. Em vez disso, elas são abandonadas e sente-se pena delas.

19 DE ABRIL DE 1905

É UMA MANHÃ FRIA de novembro e caiu a primeira neve. Um homem vestindo um longo casaco de couro está na sacada do seu apartamento no quarto andar na Kramgasse observando a fonte Zähringer e a rua branca logo abaixo. A leste, ele pode ver o frágil campanário da catedral de St. Vincent e, a oeste, o telhado arqueado do Zytgloggeturm. Mas o homem não está olhando para leste ou oeste. Ele está com os olhos fixos em um pequeno chapéu vermelho deixado na neve, e está pensando. Deve ir à casa da mulher em Friburgo? Suas mãos agarram a balaustrada de metal, soltam-na, agarram-na novamente. Deve visitá-la? Deve visitá-la?

Decide não se encontrar mais com ela. Ela é manipuladora e autoritária, e poderia tornar sua vida um inferno. Talvez nem estivesse mesmo interessada nele. Em vez disso, ele decide continuar na companhia de homens. Trabalha duro na farmácia, onde mal nota a subgerente. À noite vai para a *brasserie* na Kochergasse com seus amigos e bebe cerveja, e aprende a fazer *fondue*. Depois, três anos mais tarde, conhece uma outra mulher em uma loja de roupas em Neuchâtel. Ela é simpática. Faz amor com ele muito, muito lentamente, durante alguns meses. Após um ano, vem morar com ele em Berna. Eles vivem tranquilamente, caminham juntos à margem do Aare, fazem companhia um ao outro, envelhecem felizes.

No segundo mundo, o homem com o longo casaco de couro decide que precisa encontrar a mulher de Friburgo novamente. Ele mal a conhece, ela pode ser manipuladora e seus movimentos sugerem volatilidade, mas aquela expressão suave quando ela sorri, aquela risada, aquele jeito inteligente de usar as palavras. Sim, precisa encontrá-la de novo. Ele vai até a casa dela em Friburgo, senta no sofá ao seu lado, em poucos instantes percebe seu coração galopando e sente-se minado diante da brancura dos braços dela. Eles fazem amor ruidosa e apaixonadamente. Ela o convence a mudar-se para Friburgo. Ele larga seu emprego em Berna e começa a trabalhar na agência postal de Friburgo. Ele arde de tanto amor por ela. Todo dia, ele vem para casa ao meio-dia. Eles comem, discutem, ela reclama que precisa de mais dinheiro, ele protesta, ela arremessa panelas contra ele, eles fazem amor novamente, ele volta à agência postal. Ela ameaça deixá-lo, mas não o deixa. Ele vive para ela, e está feliz com sua angústia.

No terceiro mundo, o homem também decide que precisa encontrá-la novamente. Ele mal a conhece, ela pode ser manipuladora e seus movimentos sugerem volatilidade, mas aquele sorriso, aquela risada, aquele jeito inteligente de usar as palavras. Sim, precisa encontrá-la de novo. Ele vai até a casa dela em Friburgo, encontra-a na porta, toma chá com ela na mesa da cozinha. Eles conversam sobre o trabalho dela na biblioteca, o emprego dele na farmácia. Depois de uma hora ela diz que precisa sair para ajudar um amigo, diz adeus, e eles se despedem com um aperto de mãos. Ele viaja os trinta quilômetros de volta a Berna, sente-se vazio durante a viagem de trem, sobe para o seu apartamento no quarto andar na Kramgasse, vai para a sacada e fica olhando o pequeno chapéu vermelho deixado na neve.

Essas três cadeias de eventos realmente acontecem, simultaneamente. Pois, neste mundo, o tempo tem três dimensões, como o espaço. Assim como um objeto pode mover-se em três direções perpendiculares, horizontal, vertical e longitudinal, um objeto também pode participar de três futuros perpendiculares. Cada futuro move-se em uma direção diferente do tempo. Cada futuro é real. Em cada ponto de decisão, seja ela visitar uma mulher em Friburgo ou comprar um casaco novo, o mundo se divide em três mundos, cada qual com as mesmas pessoas mas com destinos diferentes para elas. No tempo, há uma infinidade de mundos.

Alguns não se importam com decisões, argumentando que todas as decisões possíveis ocorrerão. Em um mundo como este, como pode uma pessoa ser responsável por seus atos? Outros afirmam que cada decisão deve ser examinada e tomada com espírito de comprometimento, pois sem comprometimento há caos. Essas pessoas são felizes por viverem em mundos contraditórios, desde que saibam a razão para cada um deles.

24 DE ABRIL DE 1905

NESTE MUNDO, existem dois tempos. Existe o tempo mecânico e o tempo corporal. O primeiro é tão rígido e metálico quanto um imenso pêndulo de ferro que balança para lá e para cá, para lá e para cá, para lá e para cá. O segundo se contorce e remexe como uma enchova na baía. O primeiro não se desvia, é predeterminado. O segundo toma as decisões à medida que avança.

Muitos não acreditam que o tempo mecânico exista. Quando passam diante do grande relógio na Kramgasse, não o veem; tampouco escutam suas badaladas quando estão despachando pacotes na Postgasse ou caminhando entre flores na Rosengarten. Usam relógios de pulso, mas apenas como ornamentos ou como cortesia para com aqueles que acreditam ser instrumentos de medição de tempo um bom presente. Em suas casas eles não têm relógios. No lugar deles, ouvem a batida dos seus corações. Eles sentem os ritmos de seus humores e desejos. Essas pessoas comem quando sentem fome, vão para o trabalho, na chapelaria ou no laboratório, na hora em que despertam do seu sono e fazem amor a qualquer hora do dia. Essas pessoas riem só de pensar no tempo mecânico. Sabem que o tempo se movimenta espasmodicamente. Sabem que o tempo se arrasta para a frente com um peso nas costas quando estão levando uma criança às pressas para o hospital ou quando têm que sustentar o olhar de um vizinho que foi vítima de alguma injustiça. E sabem também que o tempo atravessa em disparada seu campo de visão quando estão saboreando uma boa comida com amigos ou sendo elogiadas ou quando estão deitadas nos braços de um amante secreto.

Por outro lado, há aqueles que pensam que seus corpos não existem. Eles vivem de acordo com o tempo mecânico. Levantam-se às sete da manhã. Almoçam ao meio-dia e jantam às seis. Chegam aos compromissos pontualmente, na hora marcada. Fazem amor entre oito e dez da noite. Trabalham quarenta horas por semana, leem o jornal de domingo no domingo, jogam xadrez nas terças à noite. Quando seus estômagos reclamam, olham o relógio para saber se é hora de comer. Quando começam a ficar desatentos em um concerto, olham o relógio acima do palco a fim de ver quanto tempo falta para ir para casa. Sabem que o corpo não é o resultado de uma mágica fantástica mas uma coleção de elementos químicos, tecidos e impulsos nervosos. Pensamentos não são mais que oscilações elétricas no cérebro. Excitação sexual não passa de um fluxo de elementos químicos para as extremidades de certos nervos. Tristeza nada mais é que um pouco de ácido transfixado no cerebelo. Em resumo, o corpo é uma máquina, sujeito às mesmas leis da eletricidade e da mecânica que um elétron ou um relógio. Portanto, ao falar do corpo deve-se usar a linguagem da física. E, se o corpo fala, é a fala de nada mais que um número de alavancas e forças. O corpo não é uma coisa a que se obedece e sim uma coisa em que se manda.

Respirando-se o ar noturno ao longo do rio Aare, é possível encontrar evidências de dois mundos em um. Um barqueiro calcula a posição de seu barco no escuro contando os segundos em que é levado pelo curso de água. "Um, três metros. Dois, seis metros. Três, nove metros." Sua voz rasga a escuridão com sílabas claras e seguras. Sob um poste de luz na ponte Nydegg, dois irmãos que não se viam fazia um ano bebem e riem. O sino da catedral de St. Vincent bate dez vezes. Em segundos, apagam-se as luzes dos apartamentos perfilados na Schifflaube, numa perfeita resposta mecanizada, como as deduções da geometria de Euclides. Deitados à margem do rio, dois amantes olham preguiçosamente para o céu, despertados de um sono atemporal pelos distantes sinos da igreja, surpresos por perceberem que a noite caiu.

Onde os dois tempos se encontram, o desespero. Onde os dois tempos se separam, a satisfação. Pois, milagrosamente, um advogado, uma enfermeira, um confeiteiro podem construir um mundo em qualquer um dos tempos, mas não nos dois. Cada tempo é verdadeiro, mas as verdades não são as mesmas.

26 DE ABRIL DE 1905

NESTE MUNDO, já num primeiro olhar percebe-se que algo está fora de lugar. Não se veem casas nos vales ou nas baixadas. Todos moram nas montanhas.

Em algum momento do passado, cientistas descobriram que o tempo flui mais lentamente nos pontos mais distantes do centro da Terra. O efeito é minúsculo, mas pode ser medido por instrumentos extremamente sensíveis. Assim que o fenômeno foi constatado, algumas pessoas, desejosas de permanecerem jovens, mudaram-se para as montanhas. Agora, todas as casas são construídas no Dom, no Matterhorn, no monte Rosa e em outros pontos elevados. É impossível vender residências em outros locais.

Muitos não se satisfazem apenas situando suas moradias em uma montanha. Para obter efeito máximo, constroem suas casas sobre colunas. Os topos das montanhas do mundo inteiro estão cobertos por casas desse tipo, que à distância parecem um bando de pássaros gordos apoiados sobre pernas longas e magras. As pessoas que desejam viver mais construíram suas casas sobre as colunas mais altas. Com efeito, algumas casas estão a meia milha de altura, equilibrando-se sobre suas espigadas pernas de madeira. Altitude passou a ser sinal de status. Quando uma pessoa, da janela de sua cozinha, precisa olhar para cima para ver um vizinho, ela tem a certeza de que aquele vizinho não ficará com as juntas enferrujadas tão cedo quanto ela, que ele demorará a perder os cabelos, não terá rugas ainda por muito tempo, não perderá o ímpeto romântico tão cedo. Da mesma maneira, uma pessoa que olha para baixo para ver outra casa tende a julgar seus ocupantes gastos, fracos e míopes. Alguns se gabam de ter passado a vida inteira nas alturas, de ter nascido na casa mais alta do mais alto pico e de nunca ter descido. Celebram sua juventude diante do espelho e caminham nus em seus terraços.

Às vezes algum negócio urgente obriga as pessoas a descerem de suas casas, e elas o fazem apressadamente, correndo aflitas pelas escadas altas até o chão, depois até uma outra escada ou até o vale. Concluem seus afazeres e voltam o mais rápido que podem para suas casas ou para outros lugares altos. Elas sabem que, a cada degrau que descem, o tempo passa com maior velocidade e elas envelhecem um pouco mais rapidamente. No chão, as pessoas nunca param. Elas correm, carregando suas pastas e sacos de compras.

Um pequeno número de residentes em cada cidade parou de se preocupar se envelhece alguns segundos mais rápido que seus vizinhos. Essas almas aventureiras costumam descer para o mundo de baixo e ali permanecem durante dias, descansam sob as árvores que crescem nos vales, nadam prazerosamente nos lagos localizados em altitudes onde as temperaturas são mais amenas, rolam no chão. Quase nunca olham para seus relógios e mal podem dizer se é segunda ou quinta-feira. Quando os outros passam por elas e zombam, apenas sorriem.

Com o passar do tempo, as pessoas esqueceram por que razão mais alto é melhor. Mesmo assim, continuam vivendo nas montanhas, evitando baixadas ao máximo, ensinando seus filhos a se afastarem de crianças de locais de baixa altitude. Elas toleram o frio das montanhas por hábito e valorizam o desconforto como positivo para sua educação. Elas até mesmo se convenceram de que o ar rarefeito é bom para seus corpos e, seguindo esta lógica, adotaram dietas especiais, comendo apenas as comidas mais leves. Os anos passaram e a população acabou ficando tão leve quanto o ar, com os ossos protuberantes, envelhecida antes do tempo.

28 DE ABRIL DE 1905

É IMPOSSÍVEL CAMINHAR POR UMA AVENIDA, conversar com um amigo, entrar em um edifício, relaxar sob os arcos de arenito de uma velha arcada, sem ver um instrumento de medição do tempo. O tempo é visível em todos os lugares. Torres de relógio, relógios de pulso, sinos de igrejas dividem os anos em meses, os meses em dias, os dias em horas, as horas em segundos, cada incremento de tempo marchando atrás do outro em perfeita sucessão. E, além de qualquer relógio específico, uma vasta plataforma de tempo, que se estende por todo o universo, estabelece a lei do tempo igualmente para todos. Neste mundo, um segundo é um segundo é um segundo. O tempo avança com exuberante regularidade, com exatamente a mesma velocidade em todos os cantos do espaço. O tempo é um soberano infinito. O tempo é absoluto.

Toda tarde, os habitantes de Berna se reúnem na extremidade oeste da Kramgasse. Ali, quando faltam quatro para as três, o Zytgloggeturm homenageia o tempo. No alto da torre, palhaços dançam, galos cantam, ursos tocam gaita e tambor, seus movimentos e sons mecânicos precisamente sincronizados pelo giro das engrenagens que, por sua vez, são inspiradas na perfeição do tempo. Às três horas em ponto, um imenso sino badala três vezes, as pessoas acertam seus relógios e voltam para seus escritórios na Speichergasse, suas lojas na Marktgasse, suas fazendas do outro lado das pontes sobre o Aare.

Os que têm alguma fé religiosa veem o tempo como uma evidência de Deus. Pois, com certeza, nada que é perfeito poderia ser criado sem um Criador. Nada poderia ser universal sem ser divino. Todos os absolutos são parte do Um Absoluto. E, onde houver um absoluto, lá está também o tempo. Assim, os filósofos da ética colocaram o tempo no centro de sua crença. O tempo é a referência com base na qual todas as ações são julgadas. O tempo é a clareza para ver o certo e o errado.

Em uma loja de roupas de cama e mesa na Amthausgasse, uma mulher conversa com uma amiga. Ela acabou de perder o emprego. Por vinte anos trabalhou como funcionária da Bundeshaus, gravando debates. Ela sustentou a família. Agora, com uma filha ainda na escola e um marido que todas as manhãs ocupa o banheiro por duas horas, ela foi despedida. Sua chefe, uma mulher grotesca, coberta de cremes, dirigiu-se a ela certa manhã ordenando que desocupasse a mesa até o dia seguinte. A amiga na loja escuta em silêncio, com cuidado dobra a toalha de mesa que acaba de comprar, tira alguns fiapos do suéter da mulher que acaba de perder o emprego. As duas amigas combinam encontrar-se para tomar chá na manhã seguinte às dez horas. Dez horas. Dezessete horas e cinquenta e três minutos a contar deste momento. A mulher que acabou de perder o emprego sorri pela primeira vez em dias. Em sua mente, ela imagina o relógio na parede de sua cozinha, devorando cada segundo entre agora e amanhã às dez, sem interrupção, sem consultar ninguém. E um relógio similar na casa de sua amiga, sincronizado. Amanhã de manhã, quando faltarem vinte minutos para as dez horas, a mulher colocará sua echarpe, suas luvas e seu casaco, e caminhará pela Schifflaube, passará a ponte Nydegg, até chegar à casa de chá na Postgasse. Do outro lado da cidade, às quinze para as dez, sua amiga deixará sua casa na Zeughausgasse e se dirigirá ao mesmo lugar. Às dez horas elas se encontrarão. Elas se encontrarão às dez horas.

Um mundo em que o tempo é absoluto é um mundo

consolador. Pois, embora os movimentos das pessoas sejam imprevisíveis, o movimento do tempo é previsível. Embora se possa duvidar das pessoas, não se pode duvidar do tempo. Enquanto as pessoas ficam divagando, o tempo prossegue em sua caminhada sem olhar para trás. Nos cafés, nos edifícios públicos, nos barcos no lago de Genebra, as pessoas olham para seus relógios e se refugiam no tempo. Cada pessoa sabe que em algum lugar está registrado o momento em que nasceu, o momento em que deu o primeiro passo, o momento de sua primeira paixão, o momento em que se despediu dos pais.

3 DE MAIO DE 1905

CONSIDERE UM MUNDO em que a relação entre causa e efeito é irregular. Às vezes a primeira antecede o segundo, às vezes o segundo antecede a primeira. Ou talvez a causa esteja para sempre no passado e o efeito para sempre no futuro, mas passado e futuro estão entrelaçados.

A vista do terraço do Bundesterrasse é impressionante: o rio Aare abaixo e os Alpes berneses acima. Um homem está ali em pé neste exato momento, esvaziando distraidamente seus bolsos e chorando. Sem razão, seus amigos o abandonaram. Ninguém o procura mais, ninguém sai com ele para jantar ou tomar uma cerveja na taverna, ninguém o convida para ir a sua casa. Por vinte anos foi o amigo ideal para seus amigos, generoso, interessado, de fala mansa, afetuoso. O que pode ter acontecido? Uma semana após esse momento no terraço, o mesmo homem começa a comportar-se como um louco furioso, insultando a todos, vestindo roupas fedorentas, tornando-se avarento, não permitindo a ninguém vir ao seu apartamento na Laupenstrasse. Qual foi a causa e qual foi o efeito, o que é futuro e o que é passado?

Em Zurique, leis severas foram recentemente aprovadas pelo Conselho Municipal. A venda de revólveres ao público está proibida. Bancos e casas comerciais devem ser fiscalizados. Todos os visitantes, estejam eles chegando a Zurique de barco pelo rio Limmat ou de trem pela linha Selnau, devem ser revistados para controle de contrabando. A polícia militar foi reforçada. Um mês após a blitz, Zurique é assolada pelos piores crimes de sua história. Pessoas são assassinadas à luz do dia na Weinplatz, quadros são furtados da Kunsthaus, bebida alcoólica é consumida nos bancos do grande altar de Münsterhof. Não estão esses atos criminosos fora de lugar no tempo? Ou talvez as novas leis fossem ação e não reação?

Uma jovem está sentada perto de uma fonte no Botanischer Garten. Ela vem a este lugar todos os domingos sentir o cheiro das violetas brancas, da rosa-moscada, dos alelis cor-de-rosa. Subitamente seu coração dispara, ela enrubesce, anda ansiosamente de um lado para outro, fica feliz sem qualquer razão. Dias mais tarde, ela encontra um jovem e se apaixona. Não estão ligados os dois fatos? Mas que conexão bizarra os une, que distorção do tempo, que lógica invertida?

Neste mundo sem causas, os cientistas estão perdidos. Suas predições se tornam pós-dições. Suas equações se tornam justificativas, sua lógica, ilógica. Cientistas vão à loucura e murmuram como jogadores que não conseguem parar de apostar. Cientistas são bufões, não porque são racionais, mas porque o cosmos é irracional. Ou talvez não seja porque o cosmos é irracional, mas porque eles são racionais. Quem pode dizer, em um mundo sem causas?

Neste mundo, os artistas fazem a festa. Imprevisibilidade é a alma de seus quadros, sua música, suas novelas. Eles se deliciam com eventos não previstos, acontecimentos sem explicação retrospectiva.

A maior parte das pessoas aprendeu como viver no momento. O argumento é o de que, se o passado tem efeitos incertos sobre o futuro, não há necessidade de refletir sobre o passado. E, se o presente tem pouco efeito sobre o futuro, as consequências das ações no presente não precisam ser levadas em consideração. Na verdade, cada ato é uma ilha no tempo, que deve ser julgada por si. Famílias confortam um tio que está à morte não por causa de uma possível herança, mas porque é amado naquele momento. Trabalhadores são contratados não por causa dos seus currículos, mas por causa do seu bom senso nas entrevistas. Funcionários espicaçados por seus chefes rebelam-se a cada insulto sem temer por seu futuro. É um mundo de impulsos. É um mundo de sinceridade. É um mundo em que cada palavra dita refere-se apenas ao momento em que é dita, cada olhar tem apenas um significado, cada toque não tem passado nem futuro, cada beijo é um beijo de imediação.

4 DE MAIO DE 1905

É NOITE. Dois casais, um suíço e um inglês, estão sentados à mesa que costumam ocupar no salão de jantar do Hotel San Murezzan em St. Moritz. Eles se encontram neste local anualmente, durante o mês de junho, para sociabilizar-se e tomar banhos. Os homens estão bonitos em seus smokings, as mulheres lindas em seus vestidos de gala. O garçom caminha pelo piso de madeira de lei e anota seus pedidos.

— Acredito que teremos bom tempo amanhã — diz a mulher com o brocado no cabelo. — Será um alívio. — Os outros concordam com a cabeça. — Os banhos parecem tão mais agradáveis quando faz sol, embora eu ache que não deveria fazer diferença alguma.

— Running Lightly está pagando quatro em Dublin — diz o almirante. — Eu jogaria tudo nele se tivesse dinheiro. — Ele lança uma piscadela para sua mulher.

— Pago cinco se você quiser — diz o outro homem.

As mulheres cortam seus pãezinhos, passam manteiga neles, e cuidadosamente colocam as facas ao lado dos pratinhos. Os homens mantêm os olhos fixos na entrada.

— Adoro o lacinho das garçonetes — diz a mulher com o brocado no cabelo. Ela apanha seu guardanapo, desdobra-o e depois dobra-o novamente.

— Você diz isso todo ano, Josephine — a outra mulher diz e sorri.

Chega o jantar. Esta noite, jantam lagosta bordelesa, aspargos, filé, vinho branco.

— Como está o seu? — diz a mulher com o brocado, olhando para o marido.

— Magnífico. E o seu?

— Um pouco apimentado demais. Como na semana passada.

— E o filé, almirante, como está?

— Nunca fui de recusar um pedaço de carne — diz alegremente o almirante.

— Se você tem atacado a despensa, não dá para perceber por sua barriga — diz o outro homem. — Você não engordou nem um quilo desde o ano passado, e nem nos últimos dez anos.

— Talvez você não consiga perceber, mas ela consegue — diz o almirante, e lança uma piscadela para a esposa.

— Posso estar enganada, mas parece que os quartos estão mais arejados este ano — diz a mulher do almirante. Os outros concordam com a cabeça e continuam a comer a lagosta e o filé. — Eu sempre durmo melhor em quartos mais frescos, mas se há corrente de ar acordo tossindo.

— Cubra a cabeça com o lençol — diz a outra mulher.

A esposa do almirante diz sim, mas parece confusa.

— Enfie a cabeça debaixo do lençol e a corrente de ar não a incomodará — repete a outra mulher. — Acontece comigo o tempo todo em Grindeewald. Há uma janela ao lado da minha cama. Posso deixá-la aberta se me cobrir até o nariz com o lençol. Deste jeito, o ar frio fica do lado de fora.

A mulher com o brocado ajeita-se na cadeira, descruza as pernas sob a mesa.

Chega o café. Os homens retiram-se para o salão de fumantes, as mulheres para o sofá-balanço de vime na grande varanda.

— E como vão indo os negócios do ano passado para cá? — pergunta o almirante.

— Não posso me queixar — diz o outro homem, sorvendo seu conhaque.

— Os filhos?

— Um ano mais velhos.

Na varanda, as mulheres se balançam e olham a noite.

E exatamente o mesmo acontece em cada hotel, em cada casa, em cada cidade. Pois, neste mundo, o tempo passa, mas pouco acontece. E assim, como pouco acontece de ano para ano, pouco acontece de mês para mês, de dia para dia. Se o tempo e a passagem dos eventos são a mesma coisa, então o tempo mal se move. Se o tempo e os eventos não são a mesma coisa, então são só as pessoas que mal se movem. Se uma pessoa não tem qualquer ambição neste mundo, ela sofre sem saber. Se uma pessoa tem ambições, sofre sabendo, mas muito devagar.

INTERLÚDIO

EINSTEIN E BESSO CAMINHAM lentamente pela Speichergasse no cair da noite. É uma hora tranquila do dia. Lojistas estão fechando as portas e colocando para fora suas bicicletas. De uma janela no segundo andar, uma mãe chama a filha para vir para casa e preparar o jantar.

Einstein tem explicado ao amigo Besso por que quer conhecer o tempo. Mas não diz nada sobre seus sonhos. Em pouco tempo chegarão à casa de Besso. Às vezes Einstein fica lá até depois do jantar, e Mileva tem que vir buscá-lo, junto com o nenê. Isso normalmente acontece quando Einstein está mergulhado em um novo projeto, como agora, e durante todo o jantar ele fica balançando a perna sob a mesa. Einstein não é boa companhia para um jantar.

Einstein se debruça na direção de Besso, que também é baixinho, e diz:

— Quero entender o tempo porque quero me aproximar do Velho.

Com um gesto de cabeça, Besso concorda. Mas levanta alguns problemas. Em primeiro lugar, talvez O Velho não esteja interessado em aproximar-se de suas criações, inteligentes ou não. Em segundo lugar, não é óbvio que conhecimento seja igual a proximidade. Além disso, este projeto sobre o tempo pode ser grande demais para uma pessoa de vinte e seis anos.

Por outro lado, Besso acha que seu amigo pode ser capaz de qualquer coisa. O ano mal começou e Einstein já concluiu sua tese de doutoramento, terminou um estudo sobre os fótons e um outro sobre o movimento browniano. No início, o projeto atual era uma pesquisa sobre a eletricidade e o magnetismo, os quais, Einstein inesperadamente anunciou um dia, exigiriam uma reconceituação do tempo. Besso fica fascinado com a ambição de Einstein.

Besso deixa Einstein a sós com seus pensamentos por alguns instantes. Ele se pergunta o que Anna preparou para o jantar; seu olhar percorre uma rua lateral até atingir o Aare, onde um barco prateado brilha ao sol que se põe. À medida que os dois homens caminham, seus passos estalam suavemente nas pedras arredondadas. Eles se conhecem desde o tempo em que eram estudantes em Zurique.

— Recebi uma carta de meu irmão que está em Roma — diz Besso. — Ele virá passar um mês conosco. Anna gosta dele porque ele sempre diz que ela está bonita. — Einstein sorri distraído. — Não poderei encontrá-lo depois do trabalho enquanto meu irmão estiver aqui. Você vai ficar bem?

— O quê? — pergunta Einstein.

— Não poderei encontrá-lo muitas vezes enquanto meu irmão estiver aqui — repete Besso. — Você vai ficar bem, sozinho?

— Claro — diz Einstein. — Não se preocupe comigo.

Desde quando Besso o conheceu, Einstein é autossuficiente. Quando ele era mais jovem, sua família vivia mudando de um lugar para outro. Como Besso, ele é casado, mas quase nunca sai com a mulher. Mesmo em casa, ele foge de Mileva no meio da noite e vai para a cozinha calcular longas páginas de equações, que mostra para Besso no dia seguinte, no escritório.

Besso olha curioso o amigo. Para uma pessoa tão reclusa e introvertida, este desejo de proximidade parece estranho.

8 DE MAIO DE 1905

O MUNDO ACABARÁ em 26 de setembro de 1907. Todo mundo sabe.

Em Berna, acontece o mesmo que em todas as cidades e vilas. Um ano antes do fim, as escolas fecham as portas. Por que aprender pensando no futuro se o futuro será tão breve? Felizes por não terem que fazer lição nunca mais, as crianças brincam de esconde-esconde nas arcadas da Kramgasse, correm pela Aarstrasse, jogam pedrinhas no rio e esbanjam seus tostões comprando balas de alcaçuz e de menta. Seus pais deixam-nas fazer o que querem.

Um mês antes do fim, estabelecimentos comerciais são fechados. O Bundeshaus interrompe suas atividades. O edifício do telégrafo federal na Speichergasse fica em silêncio. O mesmo acontece com a fábrica de relógios na Laupenstrasse, com o moinho do outro lado da ponte Nydegg. Que utilidade podem ter indústria e comércio quando resta tão pouco tempo?

Nos cafés com mesas nas calçadas na Amthausgasse, as pessoas permanecem sentadas, bebendo café e conversando tranquilamente sobre suas vidas. Um sentimento de libertação enche o ar. Neste exato momento, por exemplo, uma mulher de olhos castanhos conversa com sua mãe sobre o pouco tempo que passaram juntas durante a sua infância, quando a mãe trabalhava como costureira. Mãe e filha planejam agora uma viagem para Lucerna. Encontrarão, no pouco tempo que resta, espaço para encaixar duas vidas inteiras. Em uma outra mesa, um homem fala a um amigo sobre um supervisor detestável que frequentemente fazia amor com sua mulher no quartinho do escritório onde se guardavam os casacos, e ameaçava despedi-lo se ele ou a mulher criassem problemas. Mas o que temer, agora? O homem acertou os ponteiros com o supervisor e reconciliou-se com a esposa. Finalmente aliviado, ele estica as pernas e deixa seus olhos vagarem pelos Alpes.

Na padaria da Marktgasse, o padeiro de dedos grossos coloca a massa no forno e canta. Nesses dias, as pessoas pedem os pães educadamente. Sorriem e pagam na hora, porque o dinheiro está perdendo seu valor. Conversam sobre piqueniques em Friburgo, sobre momentos agradáveis em que ouviam as histórias dos filhos, caminhadas no meio da tarde. Parecem não se importar que o mundo vai acabar logo porque todos terão o mesmo destino. Um mundo com um mês é um mundo de igualdade.

Um dia antes do fim, as ruas explodem em gargalhadas. Vizinhos que nunca se falaram cumprimentam-se como amigos, tiram as roupas e nadam nas fontes. Outros mergulham no Aare. Depois de nadar à exaustão, deitam-se na grama espessa na margem do rio e leem poesia. Um advogado e um carteiro que nunca se viram antes caminham lado a lado no Botanischer Garten, sorriem para os cíclames e ásteres, discutem arte e cor. O que importam seus passados? Em um mundo de um dia, eles são iguais.

Nas sombras de uma travessa da Aarbergergasse, um homem e uma mulher estão encostados em uma parede, bebendo cerveja e comendo carne defumada. Mais tarde, ela o levará para seu apartamento. Ela é casada com outra pessoa, mas por anos desejou este homem e realizará seu desejo neste último dia do mundo.

Algumas poucas almas correm pelas ruas fazendo boas ações, tentando corrigir seus pecados do passado. São delas os únicos sorrisos forçados.

Um minuto antes do fim do mundo, todos se reúnem no

gramado do Kunstmuseum. Homens, mulheres e crianças formam um grande círculo e se dão as mãos. Ninguém se mexe. Ninguém fala. A quietude é tão absoluta que cada pessoa pode ouvir as batidas do coração de quem está à sua direita ou à sua esquerda. Este é o último minuto do mundo. No silêncio absoluto, uma genciana roxa do jardim recebe luz na base de sua flor, incandesce por um instante e então se desintegra entre as outras flores. Atrás do museu, as folhas pontiagudas de um lariço tremem suavemente quando uma brisa infiltra-se pela árvore. Mais atrás, além do bosque, o Aare reflete a luz do sol, estilhaçando-a a cada pequena ondulação de sua superfície. A leste, a torre de St. Vincent ergue-se no céu, vermelha e frágil, os entalhes em suas pedras, delicados como as nervuras de uma folha. Ainda mais alto, os Alpes, com seus cumes nevados, misturando o branco e o roxo, grandes e silenciosos. Uma nuvem flutua no céu. Um pardal adeja. Ninguém fala.

Nos últimos segundos, é como se todos tivessem saltado do Pico Topaz, de mãos dadas. O fim se aproxima, como o chão. Atravessa-se o ar frio, os corpos não têm peso. O horizonte silencioso estende-se por milhas e milhas. E, abaixo, o vasto cobertor de neve avança velozmente até envolver este círculo rosado, cheio de vida.

10 DE MAIO DE 1905

FIM DE TARDE. Por um breve momento, o sol se aninha em uma depressão nevada nos Alpes, o fogo toca o gelo. Os longos raios oblíquos de luz cortam as montanhas, atravessam um lago de águas calmas e desenham sombras em uma cidade abaixo.

Em muitos aspectos é uma cidade compacta, sem divisões. Espruces e lariços e pinhos formam uma suave fronteira a norte e oeste, enquanto um pouco mais ao alto encontram-se lírios, gencianas-roxas, aquilégias alpinas. Nas pastagens próximas à cidade, alimenta-se o gado que dará origem à manteiga, ao queijo, ao chocolate. Um pequeno moinho têxtil produz sedas, fitas e roupas de algodão. Soa um sino de igreja. O aroma de carne defumada envolve ruas e becos.

Vista de perto, é uma cidade de muitos pedaços. Um bairro vive no século XV. Aqui, os andares das casas feitas de pedras ligam-se uns aos outros por escadas e galerias externas, enquanto as empenas abrem-se escancaradamente para os ventos. Limo cresce entre as lajes de pedra dos telhados. Uma outra parte da vila é uma fotografia do século XVIII. Telhas de cerâmica vermelha surgem oblíquas nos telhados de linhas retas. Uma igreja tem janelas ovais, sacadas sustentadas por modilhões, parapeitos de granito. Um outro bairro abriga o presente, com arcadas margeando cada avenida, grades de metal nas sacadas, fachadas feitas de arenito. Cada área da cidade está presa em um tempo diferente.

Neste fim de tarde, nestes poucos momentos em que o sol está aninhado em uma depressão nevada dos Alpes, uma pessoa poderia sentar-se à beira do lago e contemplar a textura do tempo. Hipoteticamente, o tempo pode ser liso ou áspero, espinhoso ou sedoso, duro ou macio. Mas neste mundo, a textura do tempo parece ser pegajosa. Porções de cidades aderem a algum momento na história e não se soltam. Do mesmo modo, algumas pessoas ficam presas em algum ponto de suas vidas e não se libertam.

Agora mesmo, um homem em uma das casas ao pé das montanhas está falando com um amigo. Ele está falando dos seus dias de escola secundária. Seus diplomas de excelência em matemática e história estão pendurados na parede, suas medalhas e troféus esportivos ocupam as prateleiras. Aqui, em uma mesa, está uma fotografia sua com os trajes de capitão do time de esgrima, abraçado por dois outros jovens que mais tarde estudaram na universidade, tornaram-se engenheiros e banqueiros, casaram. Ali, na cômoda, estão suas roupas de vinte anos atrás; a blusa de esgrima, as calças de *tweed* já apertadas na cintura. O amigo, que vem tentando há anos apresentar o homem a outros amigos, meneia cortesmente a cabeça, lutando em silêncio para respirar no minúsculo quarto.

Em uma outra casa, um homem está sentado sozinho a uma mesa posta para duas pessoas. Dez anos antes, sentado ali, de frente para seu pai, ele não foi capaz de dizer-lhe que o amava, procurou na memória da infância algum momento de intimidade, lembrou-se das noites em que o homem permanecia sentado em silêncio com seu livro, e não foi capaz de dizer que o amava, não foi capaz de dizer que o amava. Como na noite anterior, a mesa está posta com dois pratos, dois copos, dois garfos. O homem começa a comer, não consegue, chora incontrolavelmente. Ele nunca disse que o amava.

Em uma outra casa, uma mulher olha com alegria a fotografia de seu filho, jovem, sorridente e brilhante. Ela escreve para ele, para um endereço que há muito deixou de existir e imagina as alegres respostas. Quando seu filho bate à porta, ela não abre. Quando seu filho, com sua cara gorducha e olhos vidrados, grita pela janela pedindo dinheiro, ela não o ouve. Quando seu filho, passo cambaleante, deixa-lhe recados, implorando para vê-la, ela joga os recados no lixo sem abri-los. Quando seu filho, durante a noite, rodeia sua casa, ela vai cedo para a cama. De manhã, ela olha para a fotografia dele, escreve cartas para um endereço que há muito deixou de existir.

Uma solteirona vê o rosto do jovem que a amava no espelho do seu quarto de dormir, no teto da padaria, na superfície do lago, no céu.

A tragédia deste mundo é que ninguém é feliz, não importa se preso a uma época de sofrimento ou de felicidade. A tragédia deste mundo é que todos estão sozinhos. Pois uma vida no passado não pode ser partilhada com o presente. Cada pessoa que fica presa no tempo, fica presa sozinha.

11 DE MAIO DE 1905

CAMINHANDO PELA MARKTGASSE, vê-se uma imagem assombrosa. As cerejas nas bancas de frutas estão alinhadas em fileiras, os chapéus na chapelaria estão empilhados impecavelmente, as flores nas sacadas arranjadas em perfeita simetria, não há migalhas no chão da padaria, não há leite derramado no piso de pedra da despensa. Nada está fora de lugar.

Quando um grupo alegre deixa um restaurante, as mesas estão mais limpas do que antes. Quando um vento sopra suavemente na rua, a rua fica limpa, a sujeira e a poeira são levadas para a periferia da cidade. Quando a maré explode na costa, a costa se reconstrói. Quando as folhas caem das árvores, as folhas alinham-se como uma revoada de pássaros em formação V. Quando as nuvens adquirem a forma de rostos, os rostos permanecem. Quando um cano solta fumaça em uma sala, a fuligem concentra-se em um dos cantos, deixando o ar limpo. Sacadas pintadas expostas ao vento e à chuva ficam mais brilhantes com o passar do tempo. O estrondo do trovão faz um vaso quebrado restaurar-se, os cacos de uma peça de louça saltarem de volta para as posições exatas onde cabem e se encaixam. A fragrância de uma carroça de canela aumenta com o tempo, não se dissipa.

Esses acontecimentos parecem estranhos?

Neste mundo, a passagem do tempo faz aumentar a ordem. Ordem é a lei da natureza, a tendência universal, a direção cósmica. Se o tempo é uma flecha, esta flecha aponta para a ordem. O futuro é padrão, organização, união, intensificação; o passado é acaso, confusão, desintegração, dissipação.

Filósofos argumentam que, sem uma tendência no sentido da ordem, o tempo não teria significado. O futuro não poderia ser diferenciado do passado. Sequências de eventos seriam apenas inúmeras cenas aleatórias de milhares de romances. A história seria indefinida, como a bruma que lentamente se acumulou em torno dos cumes das árvores durante a noite.

Em um mundo como este, as pessoas com casas bagunçadas ficam deitadas em suas camas esperando que as forças da natureza soprem a poeira dos seus parapeitos e arrumem os sapatos em seus armários. As pessoas cujos negócios são desorganizados podem sair e fazer um piquenique enquanto suas agendas são ordenadas, suas reuniões marcadas, suas contas equilibradas. Batons e pincéis e cartas podem ser jogados dentro das bolsas com a satisfação de que se ajeitarão automaticamente. Jardins nunca precisam ser desbastados, ervas daninhas nunca precisam ser arrancadas. Escrivaninhas ficam organizadas ao final do dia. Roupas deixadas no chão à noite encontram-se penduradas em cadeiras na manhã seguinte. Meias perdidas reaparecem.

Se um viajante chega a uma cidade na primavera, vê uma outra imagem assombrosa. Pois na primavera as pessoas ficam cansadas de tanta ordem em suas vidas. Na primavera, as pessoas viram furiosamente suas casas de pernas para o ar. Varrem sujeira para dentro, destroem cadeiras, quebram janelas. Na Aarbergergasse, ou qualquer outra avenida residencial, ouve-se, na primavera, os sons de vidro quebrado, gritos, uivos, risadas. Na primavera, as pessoas se encontram sem combinar, queimam suas agendas, jogam fora seus relógios, bebem a noite inteira. Este descontrole histérico continua até o verão, quando as pessoas recuperam o juízo e voltam à ordem.

14 DE MAIO DE 1905

HÁ UM LUGAR EM QUE O TEMPO fica parado. Pingos de chuva permanecem inertes no ar. Pêndulos de relógios estacionam no meio do seu ciclo. Cães empinam seus focinhos em uivos silenciosos. Pedestres estão congelados em ruas poeirentas, suas pernas erguidas como se amarradas por cordas. Os aromas de tâmaras, mangas, coentro, cominho estão suspensos no ar.

À medida que um viajante se aproxima deste lugar, vindo de qualquer parte, ele anda cada vez mais devagar. As batidas do seu coração ficam cada vez mais espaçadas, sua respiração arrefece, sua temperatura cai, seus pensamentos diminuem, até que ele atinge o centro morto e para. Pois este é o centro do tempo. A partir deste lugar, o tempo se distancia em círculos concêntricos — inerte no centro, lentamente ganhando velocidade à proporção que aumenta o diâmetro.

Quem faria uma peregrinação ao centro do tempo? Pais com seus filhos, e amantes.

E assim, no lugar onde o tempo fica parado, veem-se pais agarrados a seus filhos, em um abraço petrificado que nunca se desfará. A linda filhinha de olhos azuis e cabelos loiros nunca parará de sorrir o sorriso que está sorrindo agora, nunca perderá este brilho róseo de suas bochechas, nunca ficará enrugada nem cansada, nunca se ferirá, nunca desaprenderá o que seus pais lhe ensinaram, nunca pensará pensamentos que seus pais desconheçam, nunca tomará contato com o mal, nunca dirá a seus pais que não os ama, nunca deixará seu quarto com vista para o mar, nunca deixará de tocar seus pais como está tocando agora.

E, no lugar onde o tempo fica parado, veem-se amantes se beijando nas sombras dos prédios, em um abraço petrificado que nunca se desfará. O amado nunca tirará os braços de onde estão agora, nunca devolverá o bracelete de memórias, nunca viajará para longe da pessoa amada, nunca se sacrificará expondo-se a perigos, nunca deixará de mostrar seu amor, nunca sentirá ciúmes, nunca se apaixonará por outra pessoa, nunca perderá a paixão que existe neste instante no tempo.

É importante considerar que estas estátuas são iluminadas apenas por uma brandíssima luz vermelha, pois a luz fica reduzida a quase nada no centro do tempo, suas vibrações reduzidas a ecos em vastos desfiladeiros, sua intensidade diminuída ao brilho tênue dos vaga-lumes.

Aqueles que não estão exatamente no centro morto de fato se movem, mas no ritmo das geleiras. Uma escovadela no cabelo pode levar um ano, um beijo pode levar mil anos. Enquanto um sorriso é retribuído, estações passam pelo mundo exterior. Enquanto uma criança é abraçada, pontes são construídas. Enquanto uma pessoa diz adeus, cidades desmoronam e são esquecidas.

E aqueles que regressam ao mundo exterior... Crianças crescem rapidamente, esquecem o abraço de séculos de seus pais, que para elas durou não mais que alguns segundos. Crianças tornam-se adultos, vivem separadas dos pais, vivem em suas próprias casas, desenvolvem suas próprias maneiras de fazer as coisas, sentem dor, envelhecem. Crianças maldizem os pais por tentarem segurá-las para sempre, maldizem o tempo pelas rugas em suas próprias peles e vozes ásperas. Essas crianças agora envelhecidas também querem parar o tempo mas em um outro momento. Querem congelar seus próprios filhos no centro do tempo.

Amantes que regressam descobrem que os amigos partiram muito tempo antes. Afinal, vidas se passaram. Eles transitam em um mundo que não reconhecem. Amantes que regressam ainda se abraçam nas sombras dos prédios, mas agora seus abraços parecem vazios e solitários. Logo esquecem as promessas feitas para durar séculos, que para eles duraram apenas segundos. Sentem ciúmes mesmo entre estranhos, falam coisas terríveis entre si, perdem a paixão, distanciam-se, envelhecem e se isolam em um mundo que não conhecem.

Alguns dizem que não se deve chegar perto do centro do tempo. A vida é um barco de tristeza, mas é nobre viver a vida, e sem tempo não há vida. Outros discordam. Prefeririam viver uma eternidade de felicidade, mesmo que essa eternidade fosse fixa e petrificada, como uma borboleta instalada em uma redoma.

15 DE MAIO DE 1905

IMAGINE UM MUNDO em que não há tempo. Somente imagens.

Uma criança à beira do mar, enfeitiçada pela primeira visão que tem do oceano. Uma mulher de pé em uma sacada de madrugada, cabelos soltos, vestindo folgadas roupas de dormir de seda, seus pés descalços, seus lábios. O arco da galeria perto da fonte Zähringer na Kramgasse, arenito e ferro. Um homem sentado na quietude de seu estúdio, segurando a fotografia de uma mulher; há dor no olhar dele. Uma águia-pescadora emoldurada no céu, as asas abertas, os raios do sol perfurando suas penas. Um menino sentado em um auditório vazio, seu coração em disparada como se estivesse no palco. Pegadas na neve em uma ilha no inverno. Um barco na água à noite, suas luzes tênues na distância, como uma pequena luz vermelha no céu negro. Um armário de remédios trancado. Uma folha no chão no outono, vermelha, dourada e marrom, delicada. Uma mulher agachada, esperando entre arbustos próximos à casa do ex-marido, com quem precisa conversar. Uma chuva leve em um dia de primavera, em um passeio que será o último passeio que um jovem fará no lugar que ele ama. Poeira em um peitoril de janela. Uma pilha de pimentões na Marktgasse, amarelos, verdes, vermelhos. Matterhorn, o pico todo branco cujas pontas forçam passagem para dentro do sólido céu azul, o vale verde e os chalés de lenhadores. O buraco de uma agulha. Mofo nas folhas, cristal, opalescente. Uma mãe em sua cama, chorando, cheiro de manjericão no ar. Uma criança em uma bicicleta na Kleine Schanze, sorrindo o sorriso de uma vida. Uma torre para preces, alta e octogonal, sacada aberta, solene, rodeada de brasões. Vapor subindo de um lago no início da manhã. Uma gaveta aberta. Dois amigos em um café, o lustre iluminando o rosto de um dos amigos, o outro na penumbra. Um gato olhando um inseto na janela. Uma jovem em um banco, lendo uma carta, lágrimas de contentamento em seus olhos verdes. Um amplo descampado, delimitado por cedros e espruces. Luz do sol, em ângulos abertos, rompendo uma janela no fim da tarde. Uma imensa árvore caída, raízes esparramadas no ar, casca e ramos ainda verdes. O branco de um veleiro, com o vento de popa, velas se agitando como asas de um gigantesco pássaro branco. Um pai e um filho sozinhos em um restaurante, o pai, triste, olhos fixos na toalha de mesa. Uma janela oval, de onde se avistam campos de feno, uma carroça de madeira, vacas, verde e púrpura na luz da tarde. Uma garrafa quebrada no chão, líquido marrom nas fissuras do piso, uma mulher com os olhos vermelhos. Um velho na cozinha, preparando o café da manhã para o neto, o menino à janela com os olhos fixos em um banco pintado de branco. Um livro surrado sobre uma mesa ao lado de um abajur de luz branda. O branco na água quando quebra uma onda, erguida pelo vento. Uma mulher deitada no sofá, cabelos molhados, segurando a mão de um homem que nunca voltará a ver. Um trem com vagões vermelhos, sobre uma grande ponte de pedra, de arcos delicados, o rio que sob ela corre, minúsculos pontos que são as casas à distância. Partículas de poeira flutuando nos raios de sol que entram por uma janela. A pele fina que recobre um pescoço, fina o suficiente para se sentir o pulsar do sangue que sob ela corre. Um homem e uma mulher nus, envolvidos um no outro. As sombras azuis das árvores numa noite de lua cheia. O topo de uma montanha com um vento forte constante, os vales que se esparramam por todas as suas bordas, sanduíches de carne e queijo. Uma criança se esquivando do colo do pai, os lábios do pai retesados de raiva, a criança sem entender. Um rosto estranho no espelho, grisalho nas têmporas. Um jovem segurando um telefone, estupefato com o que está ouvindo. Uma foto de família, os pais jovens e tranquilos, as crianças trajando gravatas e vestidos e sorrindo. Uma pequeníssima luz, visível por entre as árvores de um bosque. O vermelho do pôr do sol. Uma casca de ovo, branca, frágil, intacta. Um chapéu azul na praia, trazido pela maré. Rosas aparadas flutuando sob uma ponte, próximas a um castelo que vai emergindo. O cabelo ruivo de uma amante, selvagem, traiçoeiro, promissor. As pétalas púrpuras de uma íris na mão de uma jovem mulher. Um quarto com quatro paredes, duas janelas, duas camas, uma mesa, um lustre, duas pessoas de rostos vermelhos, lágrimas. O primeiro beijo. Planetas no espaço, oceanos, silêncio. Uma gota d'água na janela. Uma corda enrolada. Uma vassoura amarela.

20 DE MAIO DE 1905

BASTA UM OLHAR PELAS BANCAS CHEIAS de gente na Spitalgasse para entender o que se passa. Os consumidores caminham hesitantes de uma barraca a outra, descobrindo o que se vende em cada uma delas. O tabaco está aqui, mas onde está a semente de mostarda? As beterrabas estão aqui, mas onde está o bacalhau? O leite de cabra está aqui, mas onde está o sassafrás? Essas pessoas não são turistas visitando Berna pela primeira vez. São cidadãos de Berna. Nenhum homem pode lembrar-se que dois dias antes comprou chocolate em uma loja chamada Ferdinand's, no número 17, ou carne na mercearia Hof, no número 36. Cada loja e sua especialidade precisa ser descoberta novamente. Muitos caminham com mapas nas mãos, orientando-se de uma arcada a outra na cidade onde sempre viveram, na rua por onde passaram durante anos. Muitos caminham com cadernos, para registrar o que aprenderam antes que lhes escape da mente. Pois, neste mundo, as pessoas não têm memória.

Quando chega a hora de voltar para casa no fim do dia, cada pessoa consulta sua caderneta de endereços para saber onde mora. O açougueiro, que fez alguns cortes pouco atraentes em seu dia no açougue, descobre que sua casa fica no número 29 da Nägeligasse. O corretor de ações, cuja memória curta da situação do mercado proporcionou-lhe alguns investimentos excelentes, lê que agora vive no número 89 da Bundesgasse. Ao chegar em casa, cada homem encontra uma mulher e crianças esperando à porta, se apresenta, ajuda a preparar o jantar e lê histórias para seus filhos. Da mesma forma, cada mulher, quando volta do trabalho, encontra um marido, filhos, sofás, lustres, papel de parede, motivos chineses. Tarde da noite, marido e mulher não se deixam ficar à mesa discutindo as atividades do dia, a escola das crianças, a conta no banco. Em vez disso, sorriem um para o outro, sentem o sangue aquecer, o calor entre as pernas, como acontecia quando se encontraram pela primeira vez, quinze anos antes. Acham seu quarto de dormir, passam sem parar por fotos de família que não reconhecem, e se entregam à luxúria durante toda a noite. Pois o que entorpece a paixão física é o costume e a memória. Sem memória, cada noite é a primeira noite, cada manhã é a primeira manhã, cada beijo e cada toque são os primeiros.

Um mundo sem memória é um mundo do presente. O passado existe apenas nos livros, nos documentos. A fim de se conhecer, cada pessoa carrega seu próprio Livro da Vida, que contém a história de sua vida. Lendo suas páginas diariamente, ela pode reaprender a identidade dos pais, se nasceu alta ou baixa, se foi uma aluna boa ou sofrível, se realizou alguma coisa na vida. Sem seu Livro da Vida, uma pessoa é uma foto, uma imagem bidimensional, um fantasma. Nos cafés chiques da Brunngasshalde, ouve-se o angustiado grito agudo de um homem que acaba de ler que matou outro homem, os suspiros de uma mulher que acaba de descobrir que foi cortejada por um príncipe, a súbita gabolice de uma mulher que soube que recebeu notas máximas com louvor na universidade dez anos antes. Alguns gastam suas horas de descanso à mesa lendo seus Livros da Vida; outros preenchem freneticamente as páginas extras com os eventos do dia.

Com o tempo, o Livro da Vida de cada pessoa fica tão espesso que não pode ser lido inteiramente. Uma escolha deve ser feita. Velhos e velhas podem ler as primeiras páginas, para saber o que eram quando jovens; ou podem ler o final, para saber o que se tornaram mais tarde.

Alguns abandonaram completamente a leitura. Abandonaram o passado. Decidiram que o fato de, no passado, terem sido ricos ou pobres, cultos ou ignorantes, orgulhosos ou humildes, apaixonados ou sem amor não é mais importante do que a maneira como um vento suave lhes sopra os cabelos. Essas pessoas olham para você direto nos olhos e seguram sua mão com firmeza. Essas pessoas mantêm as ágeis passadas largas de sua juventude. Essas pessoas aprenderam a viver em um mundo sem memória.

22 DE MAIO DE 1905

MADRUGADA. Paira sobre a cidade uma neblina cor de salmão trazida pelo vapor do rio. O sol espera do outro lado da ponte Nydegg, lança seus longos ferrões vermelhos ao longo da Kramgasse até atingir o relógio gigante que mede o tempo, ilumina a parte inferior das sacadas. Sons da manhã vagueiam pelas ruas como cheiro de pão. Uma criança desperta e grita chamando pela mãe. Uma porta range levemente quando o chapeleiro chega a sua loja na Marktgasse. Um motor geme no rio. Duas mulheres conversam suavemente sob uma arcada.

Na cidade amalgamada com a neblina e a noite, vê-se uma estranha imagem. Aqui, uma velha ponte não terminada. Ali, uma casa arrancada de suas fundações. Aqui, uma rua desvia para a direita sem qualquer razão aparente. Ali, um banco instalado no meio do mercado de verduras. Os vitrais inferiores da catedral de St. Vincent retratam temas religiosos, os superiores mudam subitamente para uma pintura dos Alpes na primavera. Um homem caminha animadamente para o Bundeshaus, para de repente, põe as mãos na cabeça, grita excitado, dá meia-volta e corre na direção oposta.

Este é um mundo de planos alterados, de oportunidades momentâneas, de visões inesperadas. Pois, neste mundo, o tempo não flui uniformemente, mas em espasmos e, como consequência, as pessoas têm visões momentâneas do futuro.

Quando uma mãe tem uma visão repentina de onde morará seu filho, ela muda de casa para estar perto dele. Quando um construtor identifica uma região de bom futuro comercial, desvia sua estrada na direção dela. Quando uma criança, num breve instante, se vê trabalhando como florista, ela decide não entrar na universidade. Quando um jovem tem uma visão da mulher com quem se casará, espera por ela. Quando um advogado tem um lampejo dele mesmo vestindo uma toga de juiz em Zurique, abandona seu emprego em Berna. Realmente, qual o sentido de continuar o presente depois de ver o futuro?

Para aqueles que tiveram a sua visão, este é um mundo de sucesso garantido. Poucos são os projetos iniciados que não levam a uma carreira. Poucas são as viagens que não levam à cidade de destino. Poucas são as amizades feitas que não serão amizades no futuro. Poucas paixões são em vão.

Para aqueles que não tiveram a sua visão, este é um mundo de suspense paralisante. Como pode alguém inscrever-se em uma universidade sem saber qual será sua ocupação no futuro? Como pode alguém abrir uma farmácia na Marktgasse quando um estabelecimento igual pode ter mais êxito na Spitalgasse? Como se pode fazer amor com um homem se ele pode vir a ser infiel? Essas pessoas dormem a maior parte do dia esperando que apareçam as suas visões.

Assim, neste mundo de breves visões do futuro, correm-se poucos riscos. Aqueles que viram o futuro não precisam correr riscos, e aqueles que ainda não viram o futuro esperam pelas suas visões sem correr riscos.

Alguns poucos que testemunharam o futuro fazem tudo o que podem para negá-lo. Um homem passa a cuidar dos jardins do museu em Neuchâtel depois de ter visto a si próprio como advogado em Lucerna. Um jovem embarca numa árdua expedição de veleiro com seu pai depois de ter uma visão de que em breve o pai morrerá de problemas cardíacos. Uma jovem se permite apaixonar por um homem embora tenha visto que se casará com outro. Essas pessoas postam-se em suas sacadas na escuridão e gritam a plenos pulmões que o futuro pode ser mudado, que milhares de futuros são possíveis. Com o tempo, o jardineiro de Neuchâtel se cansa dos baixos salários e abraça a advocacia em Lucerna. O pai morre do coração, e o filho se odeia por não ter forçado o pai a ficar na cama. A jovem é abandonada pelo amante, casa-se com um homem que lhe trará solidão e dor.

Quem teria melhor destino neste mundo em que o tempo é espasmódico? Aqueles que viram o futuro e vivem apenas uma vida? Ou aqueles que não viram o futuro e esperam para viver a vida? Ou aqueles que negam o futuro e vivem duas vidas?

29 DE MAIO DE 1905

UM HOMEM OU UMA MULHER subitamente colocados neste mundo teriam que se desviar de casas e prédios. Pois tudo está em movimento. Casas e apartamentos, montados sobre rodas, transitam adernando pela Bahnhofplatz, dispararam pela estreita Marktgasse, seus ocupantes aos berros nas janelas do segundo andar. A agência postal não fica na Postgasse, mas voa pela cidade sobre trilhos, como um trem. Tampouco o Bundeshaus permanece tranquilo na Bundesgasse. Em todo lugar, o som dos motores e da locomoção fazem o ar gemer e rugir. Quando uma pessoa sai de sua casa logo cedo, ela pisa na calçada correndo, alcança o prédio onde está seu escritório, sobe e desce correndo lances de escada, trabalha em uma mesa que gira em círculos, galopa de volta para casa no fim do dia. Ninguém se senta sob uma árvore com um livro, ninguém fica olhando para as ondulações em um lago, ninguém se deita na grama no campo. Ninguém está parado.

Por que tanta fixação com velocidade? Porque neste mundo o tempo passa mais lentamente para as pessoas em movimento. Assim, todos se movem em alta velocidade, para ganhar tempo.

O efeito velocidade não foi notado até a invenção do motor de combustão interna e os primórdios dos meios de transporte rápido. Em 8 de setembro de 1889, o sr. Randolph Whig, de Surrey, levou sua sogra para Londres em seu novo automóvel, em alta velocidade. Para sua satisfação, levou metade do tempo que previra — ele mal havia começado a conversar — e resolveu estudar o fenômeno. Depois que suas pesquisas foram publicadas, ninguém andou devagar novamente.

Como tempo é dinheiro, aspectos financeiros têm o poder de determinar que cada casa corretora, cada fábrica, cada mercearia se movimente sempre na maior velocidade possível a fim de conquistar vantagens sobre os concorrentes. Essas construções são equipadas com gigantescos motores propulsores e nunca estão paradas. Seus motores e virabrequim bramem muito mais alto que os equipamentos e pessoas dentro delas.

Da mesma forma, casas são vendidas levando-se em conta não apenas seu tamanho e estilo arquitetônico mas também sua velocidade. Pois, quanto mais rapidamente se movimenta uma casa, mais lentamente giram os ponteiros dos relógios dentro dela e mais tempo disponível sobra para seus ocupantes. Dependendo da velocidade, uma pessoa dentro de uma casa rápida pode ganhar vários minutos em relação aos vizinhos em apenas um dia. Esta obsessão com velocidade também vigora à noite, quando um tempo precioso pode ser perdido, ou conquistado, durante o sono. À noite, as ruas são iluminadas de modo a evitar colisões entre as casas em movimento, o que sempre é fatal. À noite, as pessoas sonham com velocidade, juventude e oportunidade.

Neste mundo de alta velocidade, um fato foi apenas lentamente apreciado. Por tautologia lógica, o efeito movimento é totalmente relativo. Porque, quando duas pessoas se cruzam na rua, cada uma percebe a outra em movimento, exatamente como um homem em um trem percebe as árvores voando na frente da sua janela. Consequentemente, quando duas pessoas passam na rua, cada uma vê o tempo da outra fluir mais lentamente. Cada uma vê a outra ganhando tempo. Esta reciprocidade é enlouquecedora. Mais enlouquecedor ainda: quanto mais rapidamente alguém ultrapassa um vizinho, mais rapidamente o vizinho parece estar passando.

Frustradas e desanimadas, algumas pessoas pararam de olhar pela janela. Com as cortinas fechadas, elas nunca sabem quão rapidamente estão se movendo, quão rapidamente estão se movendo seus vizinhos e concorrentes. Levantam-se de manhã, tomam banho, comem pão trançado com presunto, trabalham em suas mesas, ouvem música, conversam com os filhos, têm uma vida prazerosa.

Alguns afirmam que somente o relógio gigante na Kramgasse conta o tempo verdadeiro, que ele mesmo está imóvel. Outros destacam que mesmo o relógio gigante está em movimento quando visto do rio Aare, ou de uma nuvem.

INTERLÚDIO

Einstein e Besso estão sentados à mesa de um café na calçada da Amthausgasse. É meio-dia, e Besso conseguiu convencer o amigo a sair do escritório para tomar um pouco de ar fresco.

— Você não está com uma aparência muito saudável — diz Besso.

Einstein encolhe os ombros, quase envergonhado. Os minutos passam, ou talvez apenas segundos.

— Estou progredindo — diz Einstein.

— Posso ver — diz Besso, examinando assustado as escuras olheiras do amigo. Também é possível que Einstein tenha parado de se alimentar novamente. Besso se lembra de quando tinha a mesma aparência que Einstein tem agora, só que por outra razão. Foi em Zurique. O pai de Besso morrera repentinamente, antes de completar cinquenta anos. Besso, que nunca se dera bem com o pai, sentiu-se arrebatado pela dor e pela culpa. Seus estudos foram interrompidos. Para surpresa de Besso, Einstein o levou para sua casa e cuidou dele por um mês.

Besso vê Einstein agora e gostaria de poder ajudá-lo, mas está claro que Einstein não precisa de ajuda. Para Besso, Einstein não está sentindo dor. Ele parece ignorar a existência de seu corpo e do mundo.

— Estou progredindo — diz Einstein novamente. — Acho que os segredos aparecerão. Você viu o ensaio de Lorentz que deixei em sua mesa?

— Horrível.

— É verdade. Horrível, e *ad hoc*. Não é possível que esteja certo. As experiências sobre eletromagnetismo nos revelam algo muito mais fundamental. — Einstein coça o bigode e come vorazmente as bolachas que estão na mesa.

Os dois homens permanecem calados por alguns instantes. Besso coloca quatro cubos de açúcar em seu café enquanto Einstein contempla os Alpes berneses ao longe, praticamente escondidos pela bruma. Na verdade, o olhar de Einstein atravessa os Alpes e atinge o espaço. Às vezes, olhar fixamente algo tão distante como agora provoca-lhe enxaquecas e ele precisa deitar-se com os olhos fechados em seu sofá de forro verde.

— Anna gostaria que você e Mileva viessem jantar conosco na próxima semana — diz Besso. — Podem trazer o bebê se precisarem. — Einstein balança a cabeça, concordando.

Besso toma mais um café, avista uma jovem mulher sentada em uma mesa próxima e ajeita a camisa dentro da calça. Ele está quase tão desalinhado quanto Einstein, que a esta altura está com os olhos fixos nas galáxias. Besso está realmente preocupado com o amigo, embora já o tenha visto neste estado antes. Talvez o jantar acabe sendo uma distração.

— Sábado à noite — diz Besso.

— Estou ocupado sábado à noite — diz Einstein inesperadamente. — Mas Mileva e Hans Albert podem ir.

Besso ri e diz:

— Sábado à noite, às oito.

Ele não consegue entender por que o amigo se casou. O próprio Einstein não consegue explicar. Uma vez ele admitiu para Besso que tinha esperanças de que Mileva fosse pelo menos fazer os trabalhos domésticos, mas não foi assim que as coisas andaram. A cama desarrumada, a roupa suja, as pilhas de pratos continuam as mesmas. E, com o bebê, os afazeres aumentaram ainda mais.

— O que você achou da proposta de Rasmussen? — pergunta Besso.

— A garrafa centrífuga?

— Sim.

— O eixo vibrará demais para ser funcional — diz Einstein —, mas a ideia é inteligente. Acho que funcionaria com um suporte flexível que tivesse seu próprio eixo de rotação.

Besso sabe o que isso significa. O próprio Einstein preparará um novo design e o enviará a Rasmussen sem pedir pagamento ou reconhecimento. Frequentemente os afortunados recebedores das sugestões de Einstein nem mesmo sabem quem examina os pedidos de patentes. Não que Einstein não aprecie ser reconhecido. Alguns anos antes, quando viu o exemplar da *Annalen der Physik* com o seu primeiro artigo, ficou imitando um galo durante cinco minutos.

2 DE JUNHO DE 1905

UM PÊSSEGO MARROM, murcho, é retirado da lata de lixo e colocado na mesa para ficar rosado. Ele fica rosado, endurece, é levado em um saco de compras para a mercearia, colocado em uma prateleira, removido e encaixotado, devolvido à árvore com botões rosados. Neste mundo, o tempo flui para trás.

Uma velha definhada está sentada em uma cadeira; ela mal se move, seu rosto é vermelho e inchado, praticamente perdeu a visão, perdeu a audição, sua respiração é sibilada como o farfalhar das folhas secas nas pedras. Os anos passam. Ela recebe algumas poucas visitas. Gradualmente, a mulher ganha forças, come mais, desaparecem as profundas rugas em seu rosto. Ela ouve vozes, música. Sombras indefiníveis surgem com a luz e aparecem os contornos e imagens de mesas, cadeiras, rostos de pessoas. A mulher passa a sair de sua pequena casa, quando o clima é bom vai ao mercado, ocasionalmente visita uma amiga, vai a algum café beber chá. Apanha agulhas e fios na última gaveta de sua cômoda e faz crochê. Sorri quando gosta do que faz. Certo dia, seu marido, o rosto esbranquiçado, é trazido para casa. Em poucas horas, suas bochechas ficam rosadas, ele se ergue, primeiro com o corpo encurvado, depois fica em pé e fala com ela. A casa dela passa a ser a casa deles. Comem juntos, contam anedotas, riem. Viajam pelo país, visitam amigos. Os cabelos brancos dela escurecem, surgem mechas marrons, sua voz reverbera em novos tons. Ela comparece a uma festa de despedida na escola, começa a lecionar história. Ela ama seus alunos, conversa com eles depois das aulas. Ela lê na hora do almoço e à noite. Encontra amigos e discute história e atualidades. Ajuda o marido com as contas na farmácia, caminha com ele pelo sopé das montanhas, faz amor com ele. Sua pele fica macia, os cabelos longos e castanhos, os seios firmes. Ela vê o marido pela primeira vez na biblioteca da universidade e retribui seus olhares. Ela assiste às aulas. Forma-se na escola secundária, seus pais e irmã chorando de felicidade. Ela vive em casa com os pais, passa horas com a mãe passeando pelo bosque próximo à casa, ajuda a lavar os pratos. Ela conta histórias para a irmã menor, à noite leem para ela antes de dormir, vai ficando pequena. Ela engatinha. Mama no peito da mãe.

Um homem de meia-idade deixa o palco de um auditório em Estocolmo com uma medalha nas mãos. Aperta a mão do presidente da Academia Sueca de Ciências, recebe o Prêmio Nobel de física, ouve a gloriosa exaltação. O homem pensa por poucos instantes no prêmio que está para receber. Seus pensamentos bruscamente convergem para vinte anos adiante, quando estará trabalhando sozinho em uma saleta apenas com lápis e papel. Trabalhará dia e noite, serão vários começos infrutíferos, enchendo o cesto de lixo com malsucedidas cadeias de equações e sequências lógicas. Mas, em algumas noites, ele voltará à escrivaninha sabendo que aprendeu coisas sobre a Natureza que ninguém jamais soube; aventurou--se na floresta e encontrou luz, descobriu segredos preciosos. Nestas noites, seu coração baterá como se estivesse apaixonado. A expectativa de sentir o coração em disparada, a antevisão da época em que será jovem e desconhecido e não terá medo de errar, tomam conta dele agora que está sentado nesta poltrona no auditório em Estocolmo, a uma grande distância da minúscula voz do presidente que neste momento anuncia seu nome.

Um homem está diante da cova de seu amigo, joga um punhado de terra no caixão, sente a chuva fria de abril em seu rosto. Mas não chora. Ele prevê o dia em que os pulmões do amigo serão fortes, quando seu amigo deixará o leito, estará rindo, quando os dois estarão juntos, bebendo, velejando e conversando. Ele não chora. Espera ansiosamente por um dia específico do futuro que ele lembra, quando ele e o amigo comerão sanduíches em uma mesinha baixa, quando ele mencionará seu medo de ficar velho e não ser amado e seu amigo concordará suavemente com a cabeça, quando os pingos de chuva fizerem trilhos no vidro da janela.

3 DE JUNHO DE 1905

IMAGINE UM MUNDO em que as pessoas vivem apenas um dia. De duas uma: ou o ritmo das batidas cardíacas e da respiração é acelerado de modo a comprimir uma vida inteira no espaço de um giro da Terra em torno do seu próprio eixo, ou a rotação da Terra é desacelerada a uma marcha tão lenta que uma volta completa ocupa uma vida humana inteira. Qualquer uma das interpretações é válida. Em qualquer um dos casos, um homem ou uma mulher presencia apenas uma aurora e um crepúsculo.

Neste mundo, ninguém vive o suficiente para testemunhar a mudança das estações. Uma pessoa que nasce em dezembro em qualquer país da Europa nunca vê o jacinto, o lírio, o áster, o cíclame, o edelvais, nunca vê as folhas de bordo ficarem vermelhas e douradas, nunca ouve os grilos ou os pássaros canoros. Uma pessoa que nasce em dezembro passa a vida com frio. Da mesma forma, uma pessoa que nasce em julho nunca sente flocos de neve no rosto, nunca vê a superfície congelada de um lago, nunca ouve o ranger peculiar de botas na neve fresca. Uma pessoa que nasce em julho passa a vida com calor. A variedade das estações só é conhecida através dos livros.

Neste mundo, uma vida é planejada pela luz. Uma pessoa que nasce quando o sol está se pondo passa a primeira metade da vida no período noturno, aprende ofícios específicos para ambientes fechados, como tecelagem e fabricação de relógios, lê muito, torna-se intelectual, come demais, tem medo do vasto breu do lado de fora, aprecia a penumbra. Uma pessoa que nasce com o sol aprende profissões que são exercidas ao ar livre — como ser pedreiro e cuidar de fazendas —, mantém a forma física, evita livros e projetos mentais, é ensolarada e autoconfiante, não teme nada.

Tanto as pessoas que nascem na aurora quanto as que nascem no crepúsculo sofrem um baque quando a luz muda. Quando nasce o sol, aqueles que nasceram quando o sol se pôs são arrebatados pela súbita visão das árvores e oceanos e montanhas, são cegados pela luz do dia, voltam para suas casas, cerram as janelas e passam o resto de suas vidas a meia-luz. Quando vem o pôr do sol, aqueles nascidos na aurora choram devido ao desaparecimento dos pássaros no céu, das tonalidades de azul no mar, do hipnótico movimento das nuvens. Choram e se recusam a aprender os ofícios da noite, deitam-se no chão e olham para cima no esforço de ver o que viram no passado.

Neste mundo em que a duração de uma vida humana não passa de um dia, as pessoas prestam atenção no tempo como gatos que sintonizam suas antenas nos ruídos do sótão. Pois não há tempo a perder. Nascimento, escola, romances, casamento, profissão, velhice, tudo precisa caber em uma trajetória do sol, uma modulação de luz. Quando as pessoas se cruzam na rua, tocam levemente seus chapéus e prosseguem apressadamente seus caminhos. Quando visitam ou são visitadas, perguntam umas às outras como vão de saúde e então retomam seus afazeres. Quando se reúnem em cafés, observam nervosamente as mudanças das sombras e não se demoram. O tempo é precioso demais. Uma vida é um momento em uma estação. Uma vida é uma precipitação de neve. Uma vida é um dia de outono. Uma vida é uma delicada faixa de luz sendo rapidamente devorada pela penumbra quando se fecha uma porta. Uma vida é um fugaz movimento de braços e pernas.

Quando chega a velhice, na luz ou na escuridão, uma pessoa descobre que não conhece ninguém. Não houve tempo. Os pais morreram no meio do dia ou da noite. Irmãos e irmãs mudaram-se para cidades longínquas a fim de aproveitar oportunidades fugidias. Amigos mudaram no ritmo da evolução do sol no céu. Casas, cidades, empregos, amantes, tudo foi planejado para caber em uma vida limitada a um dia. Uma pessoa idosa não conhece ninguém. Ela conversa com as pessoas, mas não as conhece. Sua vida está espalhada em fragmentos de conversas, esquecida por fragmentos de pessoas. Sua vida é dividida em episódios efêmeros, testemunhados por poucos. Ela senta no criado-mudo, ouve o som da água que corre pela torneira da banheira, pergunta-se se alguma coisa existe fora de sua mente. Aquele abraço da mãe realmente existiu? Aquela rivalidade divertida com o colega de escola realmente existiu? Aquele primeiro arrebatamento sexual realmente existiu? Aquela amante existiu? Onde estão agora? Onde estão agora, quando essa pessoa está sentada no criado-mudo, ouvindo o som da água que corre pela torneira da banheira, percebendo vagamente a mudança da luz?

5 DE JUNHO DE 1905

POR UMA DESCRIÇÃO DOS LOCAIS onde se encontram e de sua aparência, rios, árvores, edifícios, pessoas, tudo pareceria comum. O Aare faz uma curva para leste, está salpicado de barcos transportando batatas e beterrabas. Pinheiros pontilham os sopés dos Alpes, os galhos das árvores coniformes arqueados para cima, como os braços de um candelabro. Casas de três andares com trapeiras e telhados de telhas vermelhas descansam tranquilamente na Aarstrasse, o rio logo adiante. Lojistas na Marktgasse acenam com os braços a todos os transeuntes, anunciando lenços, relógios finos, tomates, pão e erva-doce. O cheiro de carne defumada flutua pelas avenidas. Um homem e uma mulher estão em pé em sua pequena sacada na Kramgasse, discutindo e sorrindo enquanto discutem. Uma jovem caminha lentamente pelo jardim no Kleine Schanze. A grande porta vermelha da agência postal abre e fecha, abre e fecha. Um cão late.

Mas, vista pelos olhos de qualquer pessoa, a cena é bem diferente. Por exemplo, uma mulher sentada às margens do Aare vê os barcos passarem a grande velocidade como se estivessem patinando no gelo. Para outra, os barcos parecem arrastar-se, levando quase uma tarde inteira para completar a curva. Um homem parado na Aarstrasse olha o rio e descobre que os barcos movem-se primeiro para a frente e depois para trás.

Estas discrepâncias se repetem em outras partes. Neste exato momento, um farmacêutico está caminhando de volta para sua farmácia na Kochergasse, depois de ter almoçado. Este é o quadro que vê: duas mulheres passam por ele apressadamente, agitando os braços com vigor e falando tão rápido que ele não consegue entendê-las. Um advogado atravessa a rua para uma reunião em algum lugar; sua cabeça balança de um lado para o outro como a de um pequeno animal. Uma bola arremessada de uma sacada por uma criança risca o ar como uma bala, uma mancha que mal se vê. Os moradores do número 82, que um instante atrás podiam ser vistos na janela, correm pela casa de um quarto para outro, sentam-se por alguns segundos, engolem uma refeição em um minuto, desaparecem, reaparecem. Nuvens no céu se juntam, separam-se, juntam-se novamente com a velocidade de uma sequência de inspirações e expirações.

Do outro lado da rua, o padeiro observa a mesma cena. Nota que duas mulheres caminham calmamente pela rua, param para conversar com um advogado, continuam seu passeio. O advogado entra em um apartamento no número 82, senta-se à mesa para almoçar, anda até a janela do primeiro andar, onde apanha uma bola arremessada na rua por uma criança.

Para uma terceira pessoa parada ao lado de um poste de iluminação na Kochergasse, os eventos não têm absolutamente nenhum movimento: duas mulheres, um advogado, uma bola, uma criança, três balsas, um apartamento são capturados como pinturas sob a forte luz do sol.

E é assim com qualquer sequência de eventos, neste mundo onde o tempo é um sentido.

Em um mundo onde o tempo é um sentido, como a visão ou o paladar, uma sequência de episódios pode ser rápida ou lenta, branda ou intensa, salgada ou doce, motivada ou sem motivo, ordenada ou aleatória, dependendo da história anterior do observador. Filósofos sentam-se nos cafés da Amthausgasse e discutem se o tempo realmente existe fora da percepção humana. Quem pode dizer que um evento acontece rápido ou devagar, com ou sem motivo, no passado ou no futuro? Quem pode dizer que os eventos realmente acontecem? Os filósofos sentam-se com olhos semiabertos e comparam suas estéticas do tempo.

Algumas poucas pessoas nascem sem qualquer sentido de tempo. Como consequência, seu sentido de lugar é intensificado chegando a níveis torturantes. Elas ficam deitadas na grama e são consultadas por poetas e pintores do mundo inteiro. A esses que não veem o tempo implora-se que descrevam a localização exata das árvores na primavera, a forma da neve nos Alpes, o ângulo dos raios solares ao banhar uma igreja, a posição dos rios, a localização dos charcos, o desenho que formam pássaros numa revoada. Mas esses que não veem o tempo são incapazes de contar o que sabem. Porque a fala requer uma sequência de palavras, ditas no tempo.

9 DE JUNHO DE 1905

SUPONHAMOS QUE AS PESSOAS vivam eternamente.

Estranhamente, as populações de cada cidade estão divididas em dois grupos: os Depois e os Agoras.

Os Depois consideram que não há pressa para entrar na universidade, para começar a aprender uma segunda língua, para ler Voltaire ou Newton, para lutar por uma promoção, para se apaixonar, para constituir família. Para todas essas coisas há um tempo infinito. No tempo sem fim, todas as coisas podem ser realizadas. Assim, todas as coisas podem esperar. Na verdade, ações apressadas podem levar a erros. E quem pode argumentar contra a lógica dessas pessoas? Os Depois podem ser reconhecidos em qualquer loja ou passeio. Seu andar é tranquilo e eles usam roupas folgadas. Gostam de ler qualquer revista que apareça aberta, de rearranjar os móveis em casa, ou de iniciar uma conversa com a mesma facilidade com que uma folha cai de uma árvore. Os Depois deixam-se ficar nos cafés bebericando café e discutindo as possibilidades da vida.

Os Agoras percebem que, com vidas infinitas, eles podem fazer tudo o que puderem imaginar. Terão um número infinito de carreiras, casarão um número infinito de vezes, mudarão suas crenças políticas infinitamente. Cada pessoa será advogado, pedreiro, escritor, contador, pintor, físico, fazendeiro. Os Agoras estão constantemente lendo novos livros, aprendendo novos ofícios, novas línguas. De modo a experimentar a infinidade da vida, eles começam cedo e nunca vão devagar. E quem pode argumentar contra a lógica dessas pessoas? É fácil identificar os Agoras. São os donos dos cafés, os professores universitários, os médicos e enfermeiras, os políticos, as pessoas que balançam as pernas constantemente quando se sentam. Eles transitam por uma sucessão de vidas, dispostos a não deixar escapar nada. Quando dois Agoras encontram-se casualmente na pilastra hexagonal da fonte Zähringer, comparam as vidas que conquistaram, trocam informações e olham seus relógios. Quando dois Depois se encontram no mesmo local, conversam sobre o futuro e seguem com os olhos a parábola de água do chafariz.

Os Agoras e Depois têm uma coisa em comum. Como a vida é infinita, ambos têm uma lista infinita de parentes. Avós nunca morrem, tampouco bisavós, tias-avós e tios-avôs, tias-bisavós, e assim por diante; gerações de antecedentes afora, todos estão vivos e dando conselhos. Filhos nunca se livram da sombra dos pais. Nem filhas se livram da sombra das mães. Ninguém jamais está sozinho.

Quando um homem começa um negócio, sente-se obrigado a discutir o assunto com os pais e avós e bisavós, *ad infinitum*, a fim de tirar lição dos erros que eles cometeram. Pois nenhum empreendimento é novo. Todas as coisas já foram tentadas por algum antepassado na árvore da família. Na verdade, todas as coisas já foram realizadas. Mas tiveram um preço. Pois, em um mundo como este, a multiplicação das conquistas é parcialmente dividida pela diminuição da ambição.

E, quando uma filha quer a orientação da mãe, nunca a receberá na sua pureza absoluta. Sua mãe precisa perguntar à própria mãe, que precisa perguntar à sua mãe, e assim por diante. Como não conseguem tomar decisões sozinhos, filhos e filhas também não podem confiar nos pais para receber conselhos confiáveis. Os pais não são a fonte segura por excelência. Existe um milhão de fontes.

Quando toda ação precisa ser verificada um milhão de vezes, a vida é um experimento. Pontes atravessam rios até metade do percurso e param abruptamente, suspensas no ar. Edifícios de nove andares são construídos, mas não têm teto. Os estoques de gengibre, sal, bacalhau e carne da mercearia mudam cada vez que uma nova decisão é tomada ou algum consumidor se interessa por um produto. Frases são interrompidas antes de sua conclusão. Noivados são rompidos pouco antes do casamento. E, nas avenidas e ruas, as pessoas voltam-se para olhar para trás e ver se estão sendo observadas.

Este é o preço da imortalidade. Ninguém é completo. Ninguém é livre. Com o tempo, alguns chegaram à conclusão de que o melhor jeito de viver é morrer. Na morte, homens e mulheres estão livres do peso do passado. Essas poucas almas, sob a sombra dos parentes queridos, mergulham no lago de Constança ou jogam-se do monte Lema, pondo fim às suas vidas infinitas. Desta forma, o finito conquista o infinito, milhões de outonos se transformam em nenhum outono, milhões de nevascas se transformam em nenhuma nevasca, milhões de advertências se transformam em nenhuma advertência.

10 DE JUNHO DE 1905

SUPONHAMOS QUE O TEMPO não seja uma quantidade mas uma qualidade, como a luminescência da noite sobre as árvores no preciso momento em que a lua nascente toca o topo das copas. O tempo existe, mas não pode ser medido.

Neste exato instante, em uma tarde ensolarada, uma mulher está no meio da Bahnhofplatz, esperando por um certo homem. Algum tempo atrás, ele a viu no trem para Friburgo, ficou fascinado e a convidou para passearem juntos nos jardins de Grosse Schanze. Pela urgência em sua voz e seus olhos, ela percebeu que ele tinha pressa. Assim, ela espera por ele, pacientemente, enganando o tempo com um livro. Mais tarde, talvez no dia seguinte, ele chega, entrelaçam os braços, caminham para os jardins, passeiam entre os canteiros de tulipas, rosas, martagões, aquilégias dos Alpes, sentam-se em um banco de cedro-branco durante um tempo incomensurável. Chega a noite, marcada pela mudança da luminosidade, um avermelhamento do céu. O homem e a mulher seguem por uma alameda tortuosa até um restaurante no topo de uma colina. Estiveram juntos por uma vida, ou só por um momento? Quem pode dizer?

Pelas frestas das janelas do restaurante, a mãe do homem o localiza sentado à mesa com a mulher. Ela torce as mãos e choraminga, pois quer o filho em casa. Para ela, ele é uma criança. Algum tempo passou desde quando ele vivia em casa, brincava de pega-pega com o pai, massageava as costas da mãe antes de dormir? A mãe vê, pelas frestas das janelas do restaurante, aquela risada de menino iluminada pela luz da vela, e está segura de que nenhum tempo passou e que o lugar

71

do seu filho, sua criança, é junto dela, em casa. Ela espera do lado de fora, torcendo as mãos, enquanto o filho vai ficando rapidamente mais velho na intimidade desta noite, desta mulher que conheceu.

Do outro lado da rua, na Aarbergergasse, dois homens discutem sobre um carregamento de remédios. O recebedor está bravo porque os remédios, que têm curto prazo de validade, chegaram já velhos e inócuos. Ele esperava recebê-los muito antes e, na verdade, estava aguardando na estação de trens havia um bom tempo, o suficiente para ver muitas idas e vindas da senhora do número 27 da Spitalgasse, as muitas variações de luz nos Alpes, as alterações climáticas de calor para frio para chuva. O fornecedor, um homem de bigode, baixinho e gordo, está ofendido. Ele encaixotou os remédios em sua fábrica em Basle assim que ouviu as portas das lojas do mercado serem abertas de manhã. Quando levou as caixas para o trem, as nuvens ainda estavam na mesma posição que no momento da assinatura do contrato. Que mais poderia fazer?

Em um mundo onde o tempo não pode ser medido, não há relógios, calendários, compromissos definidos. Os eventos são desencadeados por outros eventos e não pelo tempo. Uma casa começa a ser erguida quando pedras e madeiras chegam ao local da construção. A pedreira entrega as pedras quando o proprietário precisa de dinheiro. O advogado deixa sua casa para defender um processo na Corte Suprema quando sua filha faz uma piada sobre sua calvície galopante. A educação na escola secundária em Berna é concluída depois que o estudante passou em todos os exames. Trens só deixam a estação de Bahnhofplatz depois que os vagões estão lotados de passageiros.

Em um mundo onde o tempo é uma qualidade, os eventos são marcados pela cor do céu, o tom do sinal sonoro do barqueiro no Aare, o sentimento de felicidade ou medo quando uma pessoa entra em um recinto. O nascimento de um bebê, a patente de uma invenção, o encontro de duas pessoas, não são pontos fixos no tempo, aprisionados por horas e minutos. Em vez disso, eventos deslizam pelo espaço da imaginação, materializados por um olhar, um desejo. Da mesma forma, o período que separa dois eventos é longo ou curto, dependendo do que antecede tais eventos, da intensidade da luz, do grau de luz e sombra, da visão dos participantes.

Algumas pessoas tentam quantificar o tempo, analisar o tempo, dissecar o tempo. Elas são transformadas em pedra. Seus corpos ficam parados, congelados nas esquinas, frios, duros e pesados. Com o tempo, essas estátuas são levadas para o cavouqueiro da pedreira, que as recorta em partes iguais e as vende para construções de casas quando precisa de dinheiro.

11 DE JUNHO DE 1905

NA ESQUINA DA KRAMGASSE com a Theaterplatz, há um pequeno café ao ar livre com seis mesas e uma fileira de petúnias azuis na jardineira sobre a bancada do *chef*; deste café é possível ver toda a cidade de Berna. Pessoas caminham pelas arcadas da Kramgasse, conversando e parando para comprar roupas de cama e mesa ou relógios ou canela; um grupo de meninos de oito anos, saindo para o intervalo da manhã da escola primária na Kochergasse, segue o professor em fila indiana pelas ruas na direção das margens do Aare; preguiçosamente uma fumaça sobe de um moinho do outro lado do rio; água jorra ruidosamente dos chafarizes da fonte Zähringer: o imenso relógio de torre na Kramgasse anuncia o quarto de hora.

Se, por um instante, alguém ignorar os sons e cheiros da cidade, verá uma cena impressionante. Na esquina da Kochergasse, dois homens tentam separar-se mas não conseguem, como se nunca mais fossem se encontrar. Despedem-se, começam a andar em sentidos opostos, dão meia--volta, correm na direção um do outro e se abraçam. Ali perto, uma mulher de meia-idade está sentada na borda de pedra de uma fonte chorando baixinho. Ela agarra a pedra com suas mãos manchadas de amarelo, agarra-as tão firmemente que escorre sangue de suas mãos, e seus olhos desesperados estão fixos no chão. A persistência do seu sentimento de solidão é a de uma pessoa que acredita que nunca mais verá outras pessoas novamente. Duas mulheres vestindo suéteres caminham pela Kramgasse de braços dados, rindo com uma tal espontaneidade que seria impossível estarem pensando em qualquer coisa ligada ao futuro.

De fato, este é um mundo sem futuro. Neste mundo, o tempo é uma linha que termina no presente, tanto na realidade quanto na mente de cada um. Neste mundo, nenhuma pessoa pode imaginar o futuro. Imaginar o futuro é tão possível quanto ver cores além do violeta: os sentidos não podem conceber o que pode estar além da extremidade visível do espectro. Em um mundo sem futuro, cada vez que amigos se separam é uma morte. Em um mundo sem futuro, cada solidão é definitiva. Em um mundo sem futuro, cada risada é a última risada. Em um mundo sem futuro, além do presente está o nada, e as pessoas se agarram ao presente como se estivessem penduradas à beira de um abismo.

Uma pessoa que não pode imaginar o futuro é uma pessoa que não pode prever o resultado de suas ações. Por isso, alguns ficam paralisados, inativos. Passam o dia deitados na cama, acordados mas com medo de se vestirem. Ficam bebendo café e olhando fotografias. Outros pulam da cama de manhã, despreocupados com o fato de que cada ação leva ao nada, de que não podem planejar suas vidas. Vivem para o momento, e cada momento é pleno. Há ainda os que substituem o passado pelo futuro. Eles relatam cada memória, cada ação, cada causa e efeito, e fascinam-se com os caminhos que os eventos percorreram até depositá-los neste momento, o último momento do mundo, o ponto final da linha que é o tempo.

No pequeno café com as seis mesas ao ar livre e a fileira de petúnias, um jovem está sentado com seu café e doces e tortas. Inerte, fica observando a rua. Viu duas mulheres de suéteres rindo, a mulher de meia-idade na fonte, os dois amigos que não param de se despedir. Enquanto está ali sentado, uma nuvem escura passa sobre a cidade. Mas o jovem permanece sentado à mesa. Consegue imaginar somente o presente, e neste momento o presente é um céu que está escurecendo, mas sem chuva. Bebendo seu café e comendo sua torta, ele pensa maravilhado como o fim do mundo é tão escuro. Ainda não há chuva e, com os olhos semicerrados, ele tenta ler no jornal a última sentença que lerá em sua vida. Começa a chover. O jovem vai para dentro, tira seu paletó molhado e pensa maravilhado como o mundo pode acabar em chuva. Conversa sobre comida com o *chef*, não porque esteja esperando a chuva passar; ele não está esperando nada. Em um mundo sem futuro, cada momento é o fim do mundo. Depois de vinte minutos, a nuvem carregada vai embora, a chuva para e o céu clareia. O jovem volta para sua mesa e fica pensando maravilhado como o mundo pode acabar cheio de sol.

15 DE JUNHO DE 1905

NESTE MUNDO, o tempo é uma dimensão visível. Assim como é possível olhar para longe e ver casas, árvores, picos de montanhas, que são marcos no espaço, é possível olhar em outra direção e ver nascimentos, casamentos, mortes, que são marcos no tempo, estendendo-se ao longe no futuro. E, assim como é possível escolher permanecer em um lugar ou correr para outro, é possível escolher o movimento que se faz pelo eixo do tempo. Algumas pessoas temem viajar para longe de um momento agradável. Elas permanecem próximas a um ponto temporal, quase não se afastando de um ambiente familiar. Outras voam imprudentemente para o futuro, sem se preparar para a rápida sequência de eventos.

Numa pequena biblioteca da escola politécnica de Zurique, um rapaz e seu orientador estão discutindo o trabalho de doutoramento do rapaz. É dezembro, e o fogo queima na lareira sobre cuja moldura há uma prateleira de mármore branco. O jovem e seu professor estão sentados em confortáveis cadeiras de carvalho ao lado de uma mesa redonda coberta de páginas preenchidas por cálculos e mais cálculos. A pesquisa tem sido difícil. Uma vez por mês, durante os últimos dezoito meses, o jovem tem se reunido com seu professor nesta mesma sala. Ele pede orientação e esperança, estuda por mais um mês, e volta com novas questões. O professor tem sempre lhe dado respostas. Hoje, novamente, o professor explica. Enquanto o professor está falando, o jovem olha pela janela, observa como a neve se mantém agarrada ao espruce ao lado do prédio, imagina como se virará sozinho depois que se formar. Sentado em sua cadeira, o jovem dá um passo hesitante no tempo, apenas minutos rumo ao futuro, arrepia-se com o frio e a incerteza. Recua. Muito melhor é ficar neste momento, ao lado do calor da lareira, ao lado da ajuda calorosa do orientador. Muito melhor é parar o movimento no tempo. E assim, neste dia na pequena biblioteca, o jovem estaciona. Seus amigos passam por ele, detêm-se por um instante para vê-lo parado neste momento e continuam rumo ao futuro cada qual em seu ritmo.

No número 27 da Viktoriastrasse, em Berna, uma jovem está deitada em sua cama. Os sons dos pais brigando invadem seu quarto. Ela tapa os ouvidos e olha a fotografia sobre a mesa, uma fotografia dela mesma quando criança, de cócoras na praia com sua mãe e seu pai. Encostada em uma parede do seu quarto, há uma escrivaninha de nogueira. Sobre a escrivaninha, uma bacia de porcelana. A tinta azul da parede está descascando e ressecada. Ao pé de sua cama, uma mala aberta, com roupas até a metade. Seus olhos fixam-se na fotografia, e depois no tempo. O futuro é atraente. Ela toma a decisão. Sem acabar de arrumar a mala, sai correndo de casa, este ponto de sua vida, e dispara em direção ao futuro. Em sua corrida, ela passa pelo ano seguinte, por cinco anos, dez, vinte, e finalmente aciona os freios. Mas ela está indo tão rapidamente que não consegue reduzir a marcha antes de chegar aos cinquenta anos de vida. Eventos passaram velozmente por sua visão e mal puderam ser vistos. Um advogado já bastante calvo que a engravidou e partiu. Uma nebulosa passagem de um ano na universidade. Um pequeno apartamento em Lausanne durante certo tempo. Uma amiga em Friburgo. Visitas raras a seus pais de cabelos grisalhos. O quarto de hospital onde morreu sua mãe. O apartamento úmido de Zurique, com cheiro de alho, onde morreu seu pai. Uma carta de sua filha, vivendo em algum lugar da Inglaterra.

A mulher toma fôlego. Tem cinquenta anos de idade. Está deitada em sua cama, tentando lembrar sua vida, olha atentamente uma fotografia sua quando criança, de cócoras na praia com sua mãe e seu pai.

17 DE JUNHO DE 1905

É TERÇA-FEIRA DE MANHÃ EM BERNA. O padeiro de
dedos grossos da Marktgasse está gritando com uma mulher que não pagou sua conta, está agitando seus braços
enquanto ela calmamente guarda em sua sacola a compra
de torrada seca do dia. Do lado de fora da padaria, uma
criança sobre patins persegue uma bola arremessada de
uma janela do primeiro andar; os patins da criança tilintam
contra a rua de pedra. Na extremidade leste da Marktgasse,
na esquina da Kramgasse, um homem e uma mulher estão
parados, juntos um do outro, na sombra de uma arcada.
Dois homens estão passando por eles com jornais debaixo
dos braços. Trezentos metros ao sul, um pássaro canoro
voa preguiçosamente sobre o Aare.

O mundo para.

A boca do padeiro congela no meio da frase. A criança
flutua antes de completar uma passada, a bola fica suspensa
no ar. O homem e a mulher transformam-se em estátuas sob
a arcada. Os dois homens se transformam em estátuas, sua
conversa interrompida como se a agulha de uma vitrola tivesse sido levantada. O pássaro congela no voo, suspenso
sobre o rio, estático como um adereço de teatro.

Um microssegundo mais tarde, o mundo começa de novo.

O padeiro continua sua arenga como se nada tivesse
acontecido. Também a criança retoma sua corrida atrás da
bola. O homem e a mulher juntam-se ainda mais. Os dois
homens continuam discutindo o aumento dos preços da carne no mercado. O pássaro bate as asas e continua seu trajeto
em arco sobre o Aare.

Minutos mais tarde, o mundo para de novo. Então, começa de novo. Para. Começa.

Que mundo é este? Neste mundo o tempo não é contínuo. Neste mundo o tempo é descontínuo. O tempo é uma sequência de filamentos de nervo: à distância, parece ser contínuo, mas, de perto, revelam-se suas várias partes, separadas por microscópicos vãos. Ação nervosa flui por um segmento de tempo, para abruptamente, pausa, pula o vácuo, e reinicia no segmento seguinte.

Tão minúsculas são as interrupções no tempo que um único segundo precisaria ser magnificado e retalhado em mil partes e cada uma destas partes em mil partes para que uma única parte perdida do tempo pudesse ser verificada. Tão minúsculas são as interrupções do tempo que os vãos entre os segmentos são praticamente imperceptíveis. Após cada reinício do tempo, o novo mundo parece igualzinho ao anterior. As posições e movimentos das nuvens parecem exatamente os mesmos; também as trajetórias dos pássaros, o fluxo das conversas, pensamentos.

Os segmentos de tempo se unem uns aos outros num encaixe quase perfeito, mas não totalmente perfeito. Ocasionalmente, desencontros muito leves acontecem. Por exemplo, nesta terça-feira, em Berna, um rapaz e uma moça, os dois beirando os trinta anos de idade, estão parados sob uma lâmpada de iluminação pública na Gerberngasse. Eles se conheceram há um mês. Ele a ama desesperadamente, mas já sofreu muito por uma mulher que o abandonou sem qualquer aviso, e tem medo do amor. Com esta mulher, ele precisa de todas as garantias. Examina o rosto dela, silenciosamente implora-lhe que revele seus verdadeiros sentimentos, procura identificar o menor sinal, o mais acanhado movimento de suas sobrancelhas, o mais vago corar de suas bochechas, a umidade em seus olhos.

Na verdade, ela também o ama, mas não consegue traduzir seu amor em palavras. Em vez disso, sorri para ele, sem saber do medo que ele sente. Enquanto estão ali, sob aquela lâmpada na rua, o tempo para e recomeça. Logo depois do intervalo, a inclinação de suas cabeças é exatamente a mesma, o ciclo das batidas dos seus corações não apresenta qualquer alteração. Mas, em qualquer lugar das profundezas da mente da mulher, surgiu um pensamento frágil que não estava lá antes. A jovem mulher tenta capturar este novo pensamento em seu inconsciente e, quando o faz, um vazio inescrutável risca-lhe o sorriso. Esta breve hesitação só seria perceptível à mais rigorosa observação, mas ainda assim o ansioso rapaz a notou e a interpretou como o sinal que procurava. Ele diz à jovem mulher que não pode tornar a vê-la, volta para seu pequeno apartamento na Zeughausgasse e decide mudar-se para Zurique e trabalhar no banco de um tio. A jovem mulher se afasta do poste de iluminação pública na Gerberngasse, caminha lentamente de volta para casa se perguntando por que o rapaz não a amava.

INTERLÚDIO

EINSTEIN E BESSO ESTÃO SENTADOS em um pequeno barco de pesca ancorado no rio. Besso está comendo um sanduíche de queijo, enquanto Einstein pita seu cachimbo e lentamente recolhe a linha com a isca na ponta.

— Você normalmente pesca alguma coisa aqui, plantado no meio do Aare? — pergunta Besso, que nunca tinha saído para pescar com Einstein.

— Nunca — responde Einstein, que torna a lançar o anzol com a isca na água.

— Poderíamos ficar mais perto da margem, ao lado daqueles juncos.

— Poderíamos — diz Einstein. — Mas nunca pesquei nada ali também. Você tem outro sanduíche nessa sacola?

Besso passa a Einstein um sanduíche e uma cerveja. Ele se sente levemente culpado por ter pedido ao amigo que o trouxesse junto nesta tarde de domingo. Einstein planejara sair para pescar sozinho, a fim de ficar pensando.

— Coma — diz Besso. — Você precisa descansar um pouco depois da força que fez puxando tantos peixes para dentro do barco.

Einstein coloca a isca no colo de Besso e começa a comer. Os dois amigos permanecem em silêncio por alguns instantes. Um pequeno bote vermelho passa por eles, fazendo marola, e o barco em que estão fica balançando para cima e para baixo.

Depois do lanche, Einstein e Besso tiram os bancos do barco, deitam-se e ficam olhando para o céu. A pescaria desse dia está encerrada para Einstein.

— Que formas você vê nas nuvens, Michele? — pergunta Einstein.

— Vejo um bode correndo atrás de um homem carrancudo.

— Você é um homem prático, Michele. — Einstein está olhando as nuvens, mas está pensando em seu projeto. Ele quer contar a Besso seus sonhos, mas não consegue fazê-lo.

— Acho que você terá êxito com sua teoria do tempo — diz Besso. — E, quando isso acontecer, nós vamos sair para pescar e você vai me explicar. Quando você ficar famoso, vai se lembrar que contou primeiro para mim, aqui neste barco.

Einstein ri, e as nuvens balançam para a frente e para trás com sua risada.

18 DE JUNHO DE 1905

A PARTIR DE UMA CATEDRAL no centro de Roma, uma fila de dez mil pessoas se estende para fora, como o ponteiro de um relógio gigante, ultrapassando os limites da cidade. Mesmo assim, esses pacientes peregrinos são instruídos a seguir para dentro, e não para fora. Estão esperando sua vez de entrar no Templo do Tempo. Estão esperando para prostrarem-se diante do Grande Relógio. Viajaram longas distâncias, vindo até mesmo de outros países, para visitar este santuário. Agora, esperam calmamente enquanto a fila se arrasta pelas ruas imaculadas. Alguns leem seus livros de orações. Outros seguram os filhos. Alguns comem figos ou bebem água. E, enquanto esperam, parecem ignorar a passagem do tempo. Não olham seus relógios, pois não possuem relógios. Não escutam as badaladas dos relógios de torre, pois não existem relógios de torre. Relógios de pulso e grandes relógios são proibidos, exceto pelo Grande Relógio no Templo do Tempo.

Dentro do templo, doze peregrinos formam um círculo em torno do Grande Relógio, um em cada marca de hora inteira da imensa estrutura de metal e vidro. Dentro do círculo, um imponente pêndulo de bronze cintilando à luz de velas oscila de uma altura de doze metros. Os peregrinos entoam cânticos a cada ciclo do pêndulo, entoam cânticos a cada acréscimo de tempo medido. Os peregrinos entoam cânticos a cada minuto subtraído de suas vidas. Esse é o seu sacrifício.

Depois de uma hora ao lado do Grande Relógio, os peregrinos partem e outros doze atravessam em fila os altos portais. Esta procissão dura séculos.

Muito tempo atrás, antes do Grande Relógio, o tempo era medido por mudanças nos corpos celestes: a lenta marcha noturna das estrelas pelo céu, o arco do sol e a mudança de luz, o crescer e o minguar da lua, marés, estações. O tempo também era medido pelas batidas do coração, pelo ritmo do sono, pelo aviso do estômago faminto, pelos ciclos menstruais da mulher, pela duração da solidão. Então, em uma pequena cidade da Itália, o primeiro relógio mecânico foi construído. As pessoas ficaram fascinadas. Depois, horrorizadas. Surgia uma invenção humana que quantificava a passagem do tempo, que delimitava a duração do desejo, que media exatamente os momentos de uma vida. Era mágica, era insuportável, era fora da lei natural. Não obstante, o relógio não podia ser ignorado. Teria que ser cultuado. O inventor foi convencido a construir o Grande Relógio. Posteriormente, foi morto e todos os outros relógios destruídos. Começaram então as peregrinações.

Em alguns aspectos, a vida continua a mesma que era antes do Grande Relógio. As ruas e becos das cidades brilham com a risada das crianças. Famílias reúnem-se em períodos prósperos para comer carne defumada e beber cerveja. Meninos e meninas trocam olhares tímidos no átrio de uma arcada. Pintores embelezam casas e prédios com seus quadros. Filósofos meditam. Mas toda respiração, todo cruzar de pernas, todo desejo romântico tem uma pequena mancha que permanece no fundo da mente. Toda ação, por menor que seja, já não é livre. Pois todas as pessoas sabem que em uma certa catedral no centro de Roma oscila um imponente pêndulo de bronze delicadamente ligado a catracas e engrenagens, oscila um imponente pêndulo de bronze que mede suas vidas. E cada pessoa sabe que em algum momento terá que ficar frente a frente com os segmentos de sua vida, terá que prestar homenagem ao Grande Relógio. Cada homem e cada mulher precisam peregrinar até o Templo do Tempo.

Assim, um dia, a qualquer hora de qualquer dia, uma fila de dez mil pessoas se estende, a partir do centro de Roma, no sentido dos limites da cidade, uma fila de peregrinos esperando para curvar-se diante do Grande Relógio. Esperam em silêncio, lendo seus livros de orações, segurando seus filhos. Esperam em silêncio, mas intimamente fervem de raiva. Porque precisam ver medido aquilo que não deveria ser medido. Precisam assistir à milimétrica passagem dos minutos e das décadas. Caíram na armadilha de sua própria inventividade e audácia. E precisam pagar com suas próprias vidas.

20 DE JUNHO DE 1905

NESTE MUNDO, o tempo é um fenômeno local. Dois relógios, um ao lado do outro, batem quase no mesmo compasso. Mas relógios separados pela distância batem em compassos diferentes; quanto mais distantes, mais fora de compasso. Este princípio que marca o movimento dos relógios vale também para as batidas cardíacas, o ritmo de inspirações e expirações, o movimento do vento no capim. Neste mundo, a velocidade do tempo varia de local para local.

Uma vez que uniformidade temporal é necessária para a realização de negócios comerciais, não existe comércio entre cidades. As distâncias entre cidades são grandes demais. Ora, se para contar mil notas de francos suíços leva dez minutos em Berna e uma hora em Zurique, como podem as duas cidades manter relações comerciais? Em consequência, cada cidade está sozinha. Cada cidade é uma ilha. Cada cidade precisa plantar e cultivar suas próprias ameixas e cerejas, cada cidade precisa manter seus próprios gado e porcos, cada cidade precisa construir seus próprios moinhos. Cada cidade precisa ser autossuficiente.

Ocasionalmente, um viajante se arriscará a ir de uma cidade a outra. Ficará perplexo? O que levava segundos em Berna poderá levar horas em Friburgo, ou dias em Lucerna. O tempo que uma folha leva para cair no chão em algum lugar pode ser o mesmo de que uma flor precisa para desabrochar em outro. Durante o estrondo de um trovão em um lugar, duas pessoas podem estar se apaixonando em outro. O tempo que um menino leva para se tornar adulto pode ser o tempo que um pingo de chuva leva para deslizar pelo vidro de uma janela. Mesmo assim, o viajante não tem consciência dessas discrepâncias. À medida que viaja de um eixo de tempo para outro, o corpo do viajante se ajusta ao movimento local do tempo. Se cada batida do coração, cada oscilação de um pêndulo, cada desfraldar de asas de um corvo-marinho estão em harmonia entre si, como poderia o viajante saber que ele entrou em uma nova zona de tempo? Se o ritmo dos desejos humanos permanece proporcionalmente harmônico com o movimento das ondas em um lago, como pode o viajante saber que alguma coisa mudou?

Somente quando o viajante se comunica com a cidade que deixou percebe que penetrou em um novo território temporal. Então, ele vem a saber que, enquanto esteve ausente, sua loja de roupas prosperou e se diversificou extraordinariamente, ou que sua filha já viveu uma vida inteira até ficar velha, ou talvez que a esposa de seu vizinho acabou de cantar a canção que estava cantando quando ele saiu pelo portão de sua casa. É neste ponto que o viajante descobre que está isolado no tempo e também no espaço. Nenhum viajante volta a sua cidade de origem.

Algumas pessoas apreciam o isolamento. Argumentam que sua cidade é a melhor das cidades; então por que desejariam o intercâmbio com outras cidades? Que outra seda poderia ser mais macia que a seda de suas próprias fábricas? Que vacas poderiam ser mais fortes que as vacas dos seus próprios pastos? Que relógios poderiam ser melhores que os relógios que têm em suas próprias relojoarias? Essas pessoas ficam em suas sacadas pela manhã, quando o sol nasce por trás das montanhas, e nunca lançam os olhos além dos limites da cidade.

Outras pessoas querem conhecer coisas novas. Interrogam longamente o raro viajante que aparece em sua cidade, perguntam-lhe sobre os lugares onde já esteve, perguntam-lhe sobre as cores de outros pores do sol, sobre a altura das pessoas e animais, as línguas faladas, os hábitos de flerte, invenções. Eventualmente, um desses curiosos decide ver com os próprios olhos e deixa sua cidade para explorar outras cidades, tornando-se um viajante. Ele nunca regressa.

Este mundo da localidade do tempo, este mundo de isolamento, gera uma rica variedade de vida. Pois, sem intercâmbio entre as cidades, a vida pode assumir milhares de formas diferentes. Em uma cidade, as pessoas podem viver vizinhas umas das outras; em outra, separadas por longas distâncias. Em uma cidade, as pessoas podem vestir-se modestamente; em outra podem não usar qualquer roupa. Em uma cidade, as pessoas podem ficar enlutadas pela morte de inimigos; em outra podem não ter inimigos nem amigos. Em uma cidade, as pessoas podem caminhar; em outra se movem em veículos estranhos. Toda essa variedade e muito mais existe em regiões distantes apenas cem quilômetros umas das outras. Logo ali, do outro lado de uma montanha, na outra margem de um rio, há uma vida diferente. No entanto, essas vidas não se comunicam entre si. Essas vidas não caminham lado a lado. Essas vidas não se alimentam umas às outras. A abundância trazida pelo isolamento é sufocada por esse mesmo isolamento.

22 DE JUNHO DE 1905

É DIA DE FORMATURA na escola secundária de Agassiz. Cento e vinte e nove meninos vestindo camisas brancas e gravatas marrons estão perfilados nas escadarias de mármore, agitando-se irrequietos ao sol enquanto o diretor lê seus nomes em voz alta. No pátio da frente, pais e parentes escutam com indiferença, olham para o chão, dormitam em suas cadeiras. O orador da turma pronuncia seu discurso monotonamente. Ele sorri um sorriso pálido quando recebe sua medalha e depois da cerimônia a deixa cair no meio das folhagens. Ninguém o cumprimenta. Os meninos, suas mães, pais, irmãs, caminham apaticamente para casas na Amthausgasse e Aarstrasse, ou para os bancos perto da Bahnhofplatz, descansam depois do almoço, jogam cartas para passar o tempo, cochilam. Roupas de sair são dobradas e guardadas para uma outra ocasião. Ao final do verão, alguns dos meninos vão para a universidade em Berna ou em Zurique, outros vão trabalhar nos negócios do pai, alguns viajam para a Alemanha ou para a França em busca de trabalho. Essas passagens acontecem indiferentemente, mecanicamente, como a oscilação de um pêndulo, como um jogo de xadrez em que todos os lances são forçados. Pois, neste mundo, o futuro está definido.

Este é um mundo em que o tempo não é fluido: ele se abre para a passagem de eventos. Em vez disso, o tempo é uma estrutura rígida, óssea, que se estende infinitamente para a frente e para trás, fossilizando o futuro e o passado. Toda ação, todo pensamento, todo sopro de vento, todo voo de pássaro está completamente determinado, para sempre.

Na sala de espetáculos do Stadttheater, uma bailarina cruza o palco e se lança no ar. Ela fica suspensa por um instante e depois pousa no chão. *Saut, batterie, saut.* Pernas se cruzam rapidamente como as de um nadador, braços se estendem em um arco aberto. Agora ela se prepara para uma pirueta, a perna direita atrás, na quarta posição, o impulso sobre um pé, os braços recolhidos para aumentar a velocidade do giro. Ela é precisão. Ela é um relógio. Em sua mente, enquanto dança, ela pensa que deveria ter flutuado um pouco em um salto, mas não pode flutuar porque seus movimentos não lhe pertencem. Toda interação do seu corpo com o piso ou com o espaço é predeterminada com a precisão de um bilionésimo de uma polegada. Não há espaço para flutuar. Flutuar indicaria uma pequena incerteza, quando não há incerteza. E, assim, ela se movimenta pelo palco com a inevitabilidade do ponteiro de um relógio, não dá saltos surpreendentes ou ousados, toca o piso exatamente na marca de giz, não sonha com cabriolas.

Em um mundo de futuro determinado, a vida é um corredor infinito de quartos, um quarto iluminado a cada momento, o quarto seguinte às escuras mas preparado. Caminhamos de quarto em quarto, olhamos dentro do quarto que está iluminado — o momento presente — e continuamos a caminhar. Não conhecemos os quartos que estão adiante, mas sabemos que não podemos mudá-los. Somos espectadores das nossas vidas.

O farmacêutico que trabalha na farmácia da Kochergasse passeia pela cidade durante seu horário de descanso, à tarde. Para na loja de relógios na Marktgasse, compra um sanduíche na padaria ao lado, retoma seu caminho rumo ao bosque e ao rio. Deve dinheiro a um amigo, mas prefere comprar presentes para si mesmo. Enquanto anda, admirando seu casaco novo, decide que pode pagar seu amigo no próximo ano, ou talvez nunca. E quem há de recriminá-lo?

Em um mundo de futuro determinado, não pode haver certo ou errado. Certo e errado exigem liberdade de escolha, mas, se cada ação já está escolhida, não pode haver liberdade de escolha. Em um mundo de futuro determinado, nenhuma pessoa é responsável. Os quartos já estão arrumados. O farmacêutico pensa todos esses pensamentos enquanto caminha pela trilha que cruza a Brunngasshalde e respira o ar úmido do bosque. Ele quase se permite um sorriso, tão satisfeito está com sua decisão. Respira o ar úmido e sente-se estranhamente livre para fazer o que bem entender, livre em um mundo sem liberdade.

25 DE JUNHO DE 1905

TARDE DE DOMINGO. Pessoas passeiam pela Aars-trasse, vestindo roupas de domingo e satisfeitas depois do almoço de domingo, conversando suavemente ao lado do murmúrio do rio. As lojas estão fechadas. Três mulheres caminham pela Marktgasse, param para ler os cartazes de propaganda, param para olhar as vitrines, continuam a caminhar calmamente. Um zelador lava as escadas do seu prédio, senta e lê um jornal, encosta-se em uma parede de arenito e fecha os olhos. As ruas estão dormindo. As ruas estão dormindo, e música de um violino flutua no ar.

No centro de um quarto com livros sobre mesas, um rapaz está de pé tocando violino. Ele adora seu violino. Toca uma suave melodia. E, enquanto toca, olha a rua embaixo, avista um casal se abraçando, observa-os com seus profundos olhos marrons e desvia o olhar. Está absolutamente imóvel. Sua música é seu único movimento, sua música enche o quarto. Está de pé, absolutamente imóvel, e pensa na esposa e no seu filho bebê, que ocupam o quarto no andar de baixo.

E, enquanto ele toca, um outro rapaz, idêntico, está de pé no centro de um quarto, tocando seu violino. O outro rapaz olha a rua embaixo, avista um casal se abraçando, desvia o olhar, e pensa na esposa e no filho. E, enquanto ele toca, um terceiro homem está de pé, tocando seu violino. Na realidade, há um quarto e um quinto, há um número incontável de rapazes de pé em seus quartos, tocando violinos. Há um número infinito de melodias e pensamentos. E esta hora em particular, em que os rapazes tocam seus violinos, não é uma hora, mas muitas horas. Pois o tempo é como a luz entre dois espelhos. O tempo é rebatido para lá e para cá, produzindo um número infinito de imagens, de melodias, de pensamentos. É um mundo de incontáveis cópias.

E, enquanto pensa, o primeiro homem sente os outros. Sente suas músicas e seus pensamentos. Sente-se ele mesmo repetido mil vezes, sente seu quarto com livros repetido mil vezes. Sente seus pensamentos repetidos. Deve deixar sua mulher? E quanto àquele momento na biblioteca da escola politécnica, quando ela, do outro lado da mesa, olhou para ele? E quanto a seus espessos cabelos castanhos? Mas que consolo ela lhe trouxe? Quando pode estar só, além desta hora em que toca seu violino?

Ele sente os outros. Sente-se repetido mil vezes, sente esse quarto repetido mil vezes, sente seus pensamentos repetidos. Qual das repetições é ele mesmo, sua verdadeira identidade, seu futuro ser? Deve deixar sua mulher? E quanto àquele momento na biblioteca da escola politécnica? Que consolo ela lhe trouxe? Quando pode estar só, além dessa hora em que toca seu violino? Seus pensamentos são rebatidos para lá e para cá mil vezes entre cada cópia dele mesmo, e vão ficando cada vez mais fracos a cada rebatida. Deve deixar sua mulher? Que consolo ela lhe trouxe? Quando pode estar só? Seus pensamentos ficam mais indistintos a cada reflexão. Que consolo ela lhe trouxe? Quando pode estar só? Seus pensamentos vão ficando mais indistintos até que ele mal se lembra quais eram as questões, ou por que as fazia. Quando pode estar só? Ele olha a rua vazia e toca. Sua música flutua e envolve o quarto, e quando a hora passa — foram, na verdade, incontáveis horas — ele só lembra a música.

27 DE JUNHO DE 1905

TODA TERÇA-FEIRA, um homem de meia-idade traz pedras de uma pedreira localizada a leste de Berna para a construção na Hodlerstrasse. Ele tem uma esposa, dois filhos adultos que já não moram com ele, um irmão tuberculoso que mora em Berlim. Veste um casaco de lã cinza em todas as estações, trabalha na pedreira até depois de escurecer, janta com sua esposa e vai dormir, cuida do jardim aos domingos. E, nas manhãs de terça-feira, carrega seu caminhão de pedras e vem para a cidade.

Quando chega, para na Marktgasse para comprar farinha e açúcar. Passa meia hora sentado em silêncio em um banco no fundo da catedral de St. Vincent. Para na agência postal para mandar uma carta para Berlim. Quando passa pelas pessoas na rua, seus olhos estão pregados no chão. Algumas pessoas o conhecem, tentam chamar sua atenção ou cumprimentá-lo. Ele resmunga e continua a andar. Mesmo quando entrega as pedras na Hodlerstrasse, não consegue olhar o pedreiro nos olhos. Em vez disso, olha para o lado, fala com a parede em resposta à conversa amigável do pedreiro, fica de pé em um canto enquanto as pedras são pesadas.

Quarenta anos antes, na escola, numa tarde de março, ele urinou na sala de aula. Não conseguiu segurar. Tentou permanecer em sua cadeira, mas os outros meninos viram a poça e o fizeram dar a volta pela sala várias vezes. Eles apontavam a mancha molhada em suas calças e gritavam. Naquele dia, a luz do sol, caindo pelas janelas e se esparramando pelo piso da sala, lembrava filetes de leite. Duas dúzias de paletós estavam pendurados em ganchos do lado da porta. Sinais feitos com giz marcavam o quadro-negro, os nomes das capitais da Europa. As carteiras tinham tampos móveis e gavetas. Na sua, o nome "Johann" estava gravado no canto superior direito. O ar estava úmido e carregado devido ao aquecedor a vapor. Um relógio com grandes ponteiros vermelhos indicava duas horas e quinze minutos. E os meninos o apupavam e apupavam enquanto corriam atrás dele em volta da sala, suas calças ainda molhadas. Eles apupavam e gritavam "mijão, mijão, mijão".

Essa lembrança tornou-se sua vida. Quando ele acorda de manhã, é o menino que urinou nas calças. Quando passa pelas pessoas na rua, sabe que elas veem a mancha molhada em suas calças. Olha as calças e desvia o olhar. Quando seus filhos o visitam, fica dentro do quarto e fala com eles através da porta. Ele é o menino que não conseguiu segurar o xixi.

Mas o que é o passado? Poderia a fixidez do passado ser apenas uma ilusão? Poderia o passado ser um caleidoscópio, um conjunto de imagens que mudam a cada distúrbio provocado por uma brisa súbita, uma risada, um pensamento? E se a mudança está em todos os lugares, como sabê-lo?

Em um mundo de passado mutante, o homem da pedreira acorda certa manhã e não é mais o menino que não conseguiu segurar o xixi. Aquela distante tarde de março foi apenas mais uma tarde. Naquela tarde esquecida, ele sentou na sala de aula, respondeu às perguntas que lhe fez o professor e, depois da aula, foi patinar com os outros meninos. Hoje ele é dono de uma pedreira. Tem nove ternos. Compra finas cerâmicas para a esposa e faz longos passeios a pé com ela nas tardes de domingo. Visita amigos na Amthausgasse e na Aarstrasse, sorri para eles e aperta-lhes a mão. Ele patrocina concertos no cassino.

Uma manhã, ele acorda e...

Quando o sol se ergue sobre a cidade, dez mil pessoas

bocejam, comem torradas e tomam café. Dez mil pessoas enchem as arcadas na Kramgasse ou vão trabalhar na Speichergasse ou levam os filhos ao parque. Todas têm lembranças: um pai que não conseguiu amar o filho, um irmão que sempre ganhou, um amante com um beijo delicioso, um momento de cola no exame escolar, a inércia que se espalha depois de uma nevasca, a publicação de um poema. Em um mundo de passado mutante, essas lembranças são como trigo no vento, sonhos fugidios, formas de nuvens. Eventos, uma vez ocorridos, perdem a realidade, alteram-se com um olhar, um temporal, uma noite. Com o passar do tempo, o passado nunca aconteceu. Mas quem pode saber? Quem pode saber que o passado não é tão sólido quanto este momento, em que o sol risca o céu sobre os Alpes berneses e os lojistas cantam enquanto erguem suas portas e o homem da pedreira começa a carregar seu caminhão?

28 DE JUNHO DE 1905

"PARE DE COMER TANTO", diz a avó, cutucando seu filho no ombro. "Você vai morrer antes de mim e não vou ter quem cuide de mim nos meus anos grisalhos." A família está fazendo um piquenique às margens do Aare, dez quilômetros ao sul de Berna. As meninas acabaram de comer e estão brincando de pega-pega em volta de um espruce. Enfim tontas, caem na grama, ficam inertes alguns instantes, depois rolam no chão e ficam tontas de novo. O filho, sua gorda esposa e a avó estão sentados sobre um cobertor comendo presunto defumado, queijo, pão com mostarda, uvas e bolo de chocolate. Enquanto comem e bebem, uma brisa suave sobe do rio e eles respiram o ar doce do verão. O filho tira os sapatos e brinca com os dedos na grama.

Subitamente, uma revoada de pássaros cruza o céu sobre suas cabeças. O rapaz pula do cobertor e sai correndo atrás deles, sem calçar os sapatos. Desaparece atrás da colina. Logo depois, outras pessoas, que avistaram os pássaros da cidade, juntam-se a ele.

Um pássaro pousou em uma árvore. Uma mulher escala o tronco, tenta alcançar o pássaro, mas o pássaro salta rapidamente para um galho mais alto. Ela sobe ainda mais alto, com cuidado se estica e se agarra a um galho, e rasteja para sua extremidade. O pássaro pula de volta para o galho de baixo. Enquanto a mulher está pendurada na árvore sem nada poder fazer, um outro pássaro pousa no chão para comer sementes. Dois homens se esgueiram sorrateiramente por trás dele, carregando uma redoma gigante. Mas o pássaro é rápido demais para eles e alça voo, misturando-se à revoada novamente.

Agora os pássaros voam pela cidade. O pastor da catedral de St. Vincent está no campanário e tenta atrair os pássaros para a janela arqueada. Uma velha nos jardins Kleine Schanze vê os pássaros por um momento empoleirados em alguns arbustos. Ela caminha lentamente em direção a eles com uma redoma; sabe que não tem a menor chance de capturar um pássaro, deixa cair a redoma e começa a chorar.

E ela não está sozinha em sua frustração. Na verdade, todo homem e toda mulher desejam um pássaro. Porque esta revoada de rouxinóis é o tempo. O tempo se agita e esvoaça e salta com esses pássaros. Aprisione um desses rouxinóis sob uma redoma e o tempo para. O momento é congelado para todas as pessoas e árvores e solo capturados dentro dela.

Na verdade, raramente esses pássaros são capturados. As crianças, que têm agilidade para apanhá-los, não têm vontade de parar o tempo. Para as crianças, o tempo já passa muito devagar. Elas correm de um momento para outro, ansiosas para que cheguem seus aniversários e novos anos, mal conseguindo esperar pelo resto de suas vidas. Os mais velhos desejam desesperadamente parar o tempo, mas estão lentos e fatigados demais para apanhar qualquer pássaro. Para os idosos, o tempo voa rápido demais. Eles anseiam por capturar um único minuto do café da manhã, à mesa tomando chá, ou um momento em que um neto fica preso nos panos quando tenta despir-se de uma fantasia, ou uma tarde em que o sol de inverno reflete na neve e banha de luz a sala de música. Mas são lentos demais. Precisam ver o tempo pular e voar para além do seu alcance.

Nessas ocasiões em que um rouxinol é capturado, os captores se deliciam com o momento que fica congelado. Saboreiam a localização exata da família e de amigos, as expressões em seus rostos, a congelada alegria proporcionada por um prêmio ou um nascimento ou uma paixão, o cheiro de canela ou de violetas brancas, aprisionado. Os captores se deliciam com o momento assim congelado, mas logo descobrem que o rouxinol vai se apagando, seu gorjeio cristalino como uma flauta se reduz ao silêncio, o momento capturado fica cada vez mais murcho e sem vida.

EPÍLOGO

UM RELÓGIO DE TORRE bate oito vezes ao longe. O jovem funcionário de patentes ergue a cabeça da mesa de trabalho, levanta-se, espreguiça-se e caminha até a janela.

Do lado de fora, a cidade está acordada. Uma mulher e seu marido discutem enquanto ela lhe serve o almoço. Um grupo de meninos a caminho da escola secundária na Zeughausgasse brinca com uma bola de futebol e conversa animadamente sobre as férias de verão. Duas mulheres marcham firmemente em direção a Marktgasse carregando sacolas vazias.

Pouco depois, um alto funcionário do escritório de patentes passa pela porta, vai para sua mesa e começa a trabalhar, sem dizer uma palavra. Einstein vira-se e olha o relógio no canto. Oito horas e três minutos. Ele brinca com moedas em seu bolso.

Às oito horas e quatro minutos, a datilógrafa entra. Ela vê Einstein do outro lado da sala com o manuscrito nas mãos e sorri. Várias vezes ela já datilografou os trabalhos particulares de Einstein em suas horas vagas, e ele sempre paga com prazer o que ela pede. Ele é quieto, embora às vezes faça piadas. Ela gosta dele.

Einstein dá a ela o manuscrito, sua teoria do tempo. São oito horas e seis minutos. Ele caminha até sua mesa, dá uma olhada na pilha de pastas, vai até uma prateleira e retira um dos cadernos. Dá meia-volta e caminha de volta para a janela. O ar está anormalmente claro para fins de junho. Acima de um prédio de apartamentos, ele pode ver os picos dos Alpes, que são azuis com pontas brancas. Mais ao alto, um pássaro, na verdade uma minúscula pinta negra, realiza lentos círculos no céu.

Einstein retorna à sua mesa, senta-se por um instante e depois volta para a janela. Sente-se vazio. Não está interessado em examinar patentes ou conversar com Besso ou pensar em física. Sente-se vazio e olha sem interesse a minúscula pinta negra e os Alpes.

ALAN LIGHTMAN nasceu em Memphis, Tennessee, em 1948, e educou-se em Princeton e no California Institute of Technology. Escreve regularmente para as publicações *Granta, Harper's, The New Yorker* e *The New York Review of Books*. É professor no Massachusetts Institute of Technology. Tem vários livros publicados, entre eles a coletânea de ensaios *Viagem no tempo e o cachimbo do vovô Joe, O futuro do espaço-tempo* e *As descobertas*, publicados no Brasil pela Companhia das Letras.

COMPANHIA DE BOLSO

Jorge AMADO
  Capitães da Areia
  Mar morto
Carlos Drummond de ANDRADE
  Sentimento do mundo
Hannah ARENDT
  Homens em tempos sombrios
  Origens do totalitarismo
Philippe ARIÈS, Roger CHARTIER (Orgs.)
  *História da vida privada 3 — Da Renascença
  ao Século das Luzes*
Karen ARMSTRONG
  Em nome de Deus
  Uma história de Deus
  Jerusalém
Paul AUSTER
  O caderno vermelho
Jurek BECKER
  Jakob, o mentiroso
Marshall BERMAN
  Tudo que é sólido desmancha no ar
Jean-Claude BERNARDET
  *Cinema brasileiro: propostas para uma
  história*
Harold BLOOM
  Abaixo as verdades sagradas
David Eliot BRODY, Arnold R. BRODY
  *As sete maiores descobertas científicas da
  história*
Bill BUFORD
  Entre os vândalos
Jacob BURCKHARDT
  A cultura do Renascimento na Itália
Peter BURKE
  Cultura popular na Idade Moderna
Italo CALVINO
  Os amores difíceis
  O barão nas árvores
  O cavaleiro inexistente
  Fábulas italianas
  Um general na biblioteca
  Por que ler os clássicos
  O visconde partido ao meio
Elias CANETTI
  A consciência das palavras
  O jogo dos olhos
  A língua absolvida
  Uma luz em meu ouvido
Bernardo CARVALHO
  Nove noites
Jorge G. CASTAÑEDA
  Che Guevara: a vida em vermelho
Ruy CASTRO
  Chega de saudade
  Mau humor

Louis-Ferdinand CÉLINE
  Viagem ao fim da noite
Sidney CHALHOUB
  Visões da liberdade
Jung CHANG
  Cisnes selvagens
John CHEEVER
  A crônica dos Wapshot
Catherine CLÉMENT
  A viagem de Théo
J. M. COETZEE
  Infância
  Juventude
Joseph CONRAD
  Coração das trevas
  Nostromo
Alfred W. CROSBY
  Imperialismo ecológico
Robert DARNTON
  O beijo de Lamourette
Charles DARWIN
  *A expressão das emoções no homem e nos
  animais*
Jean DELUMEAU
  História do medo no Ocidente
Georges DUBY
  Damas do século XII
  *História da vida privada 2 — Da Europa
  feudal à Renascença (Org.)*
  Idade Média, idade dos homens
Mário FAUSTINO
  O homem e sua hora
Meyer FRIEDMAN,
Gerald W. FRIEDLAND
  As dez maiores descobertas da medicina
Jostein GAARDER
  O dia do Curinga
  Maya
  Vita brevis
Jostein GAARDER, Victor HELLERN,
Henry NOTAKER
  O livro das religiões
Fernando GABEIRA
  O que é isso, companheiro?
Luiz Alfredo GARCIA-ROZA
  O silêncio da chuva
Eduardo GIANNETTI
  Auto-engano
  Vícios privados, benefícios públicos?

Edward GIBBON
Declínio e queda do Império Romano
Carlo GINZBURG
Os andarilhos do bem
História noturna
O queijo e os vermes
Marcelo GLEISER
A dança do Universo
O fim da Terra e do Céu
Tomás Antônio GONZAGA
Cartas chilenas
Philip GOUREVITCH
*Gostaríamos de informá-lo de que amanhã
seremos mortos com nossas famílias*
Milton HATOUM
A cidade ilhada
Cinzas do Norte
Dois irmãos
Relato de um certo Oriente
Um solitário à espreita
Patricia HIGHSMITH
Ripley debaixo d'água
O talentoso Ripley
Eric HOBSBAWM
O novo século
Sobre história
Albert HOURANI
Uma história dos povos árabes
Henry JAMES
Os espólios de Poynton
Retrato de uma senhora
P. D. JAMES
Uma certa justiça
Ismail KADARÉ
Abril despedaçado
Franz KAFKA
O castelo
O processo
John KEEGAN
Uma história da guerra
Amyr KLINK
Cem dias entre céu e mar
Jon KRAKAUER
No ar rarefeito
Milan KUNDERA
A arte do romance
A brincadeira
A identidade
A insustentável leveza do ser
A lentidão
O livro do riso e do esquecimento
Risíveis amores
A valsa dos adeuses
A vida está em outro lugar

Danuza LEÃO
Na sala com Danuza
Primo LEVI
A trégua
Alan LIGHTMAN
Sonhos de Einstein
Gilles LIPOVETSKY
O império do efêmero
Claudio MAGRIS
Danúbio
Naguib MAHFOUZ
Noites das mil e uma noites
Norman MAILER (JORNALISMO LITERÁRIO)
A luta
Janet MALCOLM (JORNALISMO LITERÁRIO)
O jornalista e o assassino
A mulher calada
Javier MARÍAS
Coração tão branco
Ian McEWAN
O jardim de cimento
Sábado
Heitor MEGALE (Org.)
A demanda do Santo Graal
Evaldo Cabral de MELLO
O negócio do Brasil
O nome e o sangue
Luiz Alberto MENDES
Memórias de um sobrevivente
Jack MILES
Deus: uma biografia
Vinicius de MORAES
Antologia poética
Livro de sonetos
Nova antologia poética
Orfeu da Conceição
Fernando MORAIS
Olga
Toni MORRISON
Jazz
V. S. NAIPAUL
Uma casa para o sr. Biswas
Friedrich NIETZSCHE
Além do bem e do mal
Ecce homo
A gaia ciência
Genealogia da moral
Humano, demasiado humano
O nascimento da tragédia
Adauto NOVAES (Org.)
Ética
Os sentidos da paixão
Michael ONDAATJE
O paciente inglês
Malika OUFKIR, Michèle FITOUSSI
Eu, Malika Oufkir, prisioneira do rei

Amós OZ
A caixa-preta
O mesmo mar
José Paulo PAES (Org.)
Poesia erótica em tradução
Orhan PAMUK
Meu nome é Vermelho
Georges PEREC
A vida: modo de usar
Michelle PERROT (Org.)
História da vida privada 4 — Da Revolução
Francesa à Primeira Guerra
Fernando PESSOA
Livro do desassossego
Poesia completa de Alberto Caeiro
Poesia completa de Álvaro de Campos
Poesia completa de Ricardo Reis
Ricardo PIGLIA
Respiração artificial
Décio PIGNATARI (Org.)
Retrato do amor quando jovem
Edgar Allan POE
Histórias extraordinárias
Antoine PROST, Gérard VINCENT (Orgs.)
História da vida privada 5 — Da Primeira
Guerra a nossos dias
David REMNICK (JORNALISMO LITERÁRIO)
O rei do mundo
Darcy RIBEIRO
Confissões
O povo brasileiro
Edward RICE
Sir Richard Francis Burton
João do RIO
A alma encantadora das ruas
Philip ROTH
Adeus, Columbus
O avesso da vida
O complexo de Portnoy
A marca humana
Pastoral americana
Elizabeth ROUDINESCO
Jacques Lacan
Arundhati ROY
O deus das pequenas coisas
Murilo RUBIÃO
Murilo Rubião — Obra completa
Salman RUSHDIE
Haroun e o Mar de Histórias
Oriente, Ocidente
O último suspiro do mouro
Os versos satânicos
Oliver SACKS
Um antropólogo em Marte
Tio Tungstênio
Vendo vozes

Carl SAGAN
Bilhões e bilhões
Contato
O mundo assombrado pelos demônios
Edward W. SAID
Cultura e imperialismo
Orientalismo
José SARAMAGO
O Evangelho segundo Jesus Cristo
História do cerco de Lisboa
O homem duplicado
A jangada de pedra
Arthur SCHNITZLER
Breve romance de sonho
Moacyr SCLIAR
O centauro no jardim
A majestade do Xingu
A mulher que escreveu a Bíblia
Amartya SEN
Desenvolvimento como liberdade
Dava SOBEL
Longitude
Susan SONTAG
Doença como metáfora / AIDS e suas metáforas
Jean STAROBINSKI
Jean-Jacques Rousseau
I. F. STONE
O julgamento de Sócrates
Keith THOMAS
O homem e o mundo natural
Drauzio VARELLA
Estação Carandiru
John UPDIKE
As bruxas de Eastwick
Caetano VELOSO
Verdade tropical
Erico VERISSIMO
Clarissa
Incidente em Antares
Paul VEYNE (Org.)
História da vida privada 1 — Do Império
Romano ao ano mil
XINRAN
As boas mulheres da China
Ian WATT
A ascensão do romance
Raymond WILLIAMS
O campo e a cidade
Edmund WILSON
Os manuscritos do mar Morto
Rumo à estação Finlândia
Edward O. WILSON
Diversidade da vida
Simon WINCHESTER
O professor e o louco

1ª edição Companhia das Letras [1993] 10 reimpressões
1ª edição Companhia de Bolso [2014] 2 reimpressões

Esta obra foi composta pela Verba Editorial
em Janson Text e impressa pela Gráfica Bartira em ofsete
sobre papel Pólen Natural da Suzano S.A.

A marca FSC® é a garantia de que a madeira utilizada na fabricação do papel deste livro provém de florestas que foram gerenciadas de maneira ambientalmente correta, socialmente justa e economicamente viável, além de outras fontes de origem controlada.